和孩子一起玩木工

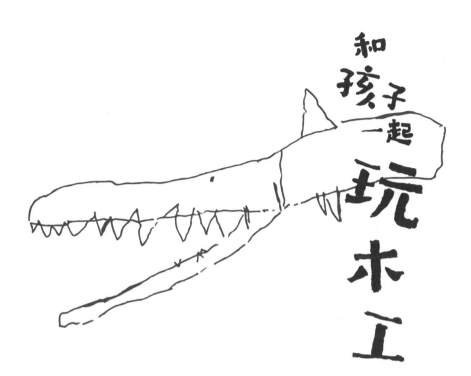

U0388396

张三十三 著

化学工业出版社
·北京·

内容简介

这是一本关于可以怎样和孩子一起好好玩木工的书。书中有创作思路、制作方法和操作步骤的演示，以及大量木工作品案例的图片，不管你是对木工毫无经验还是做过木工，都能在书中发现不一样的东西，都能制作出独一无二的作品。

和孩子一起玩木工，不需要很复杂的设备和工具，可以装台钳的地方就是你的工作台，基本的工具也很容易实现，每一个操作案例都有专门的所需工具和材料的索引，基本的操作步骤也并不复杂，一家人在锯切、修形、打磨、上蜡、抛光这些最基本的木工操作中各司其职，尽量保存孩子创造和想象力的部分，家长在负责维持孩子安全使用工具的基础上，辅助孩子完成他们在操作上力不从心的部分，密切合作就能做出独一无二的木工作品。

灵巧地动用你的双手吧，木工活动是一种很好的释放和滋养。世界再怎么变也不要错过美好的亲子互动，这次请以木工的方式玩出不一样的亲子时光。

图书在版编目（CIP）数据

和孩子一起玩木工/张三十三著. 一北京：化学工业出版社，2021.9（2024.11重印）

ISBN 978-7-122-39450-7

Ⅰ. ①和… Ⅱ. ①张… Ⅲ. ①木工-儿童读物
Ⅳ. ①TS68-49

中国版本图书馆CIP数据核字（2021）第130744号

- -

责任编辑：李彦玲
文字编辑：吴江玲
责任校对：王　静
装帧设计：李子姮

- -

出版发行：化学工业出版社
　　　　　（北京市东城区青年湖南街13号　邮政编码100011）
印　　装：涿州市般润文化传播有限公司
787mm×1092mm　1/16　印张9¼　字数171千字
2024年11月北京第1版第3次印刷

- -

购书咨询：010-64518888
售后服务：010-64518899
网　　址：http://www.cip.com.cn
凡购买本书，如有缺损质量问题，本社销售中心负责调换。

- -

定　　价：79.80元　　　　　　　　　　　　　版权所有　违者必究

前言

当我开始琢磨怎样带六岁以下的孩子玩木工的时候，那时我的儿子三岁多，现在他马上六岁了。我承认，在这三年里，我自己的认识发生了太多的变化，我看到了很多以前看不到的东西，并且也越来越清晰起来，让我能够重新认识自己、重新看待一个孩子的成长。关于这本书的写作，也正是加入了我的认识和思考，我相信这不只是一本关于怎样跟孩子一起玩木工的技术指导书，还是一本可以重新发现自己，也重新看待孩子，并跟孩子建立有意思的连接，探讨怎样跟孩子一起做出有意思的木工作品的书。

本书共有四章内容。第一章是认识工具玩木工，各种各样的木工工具对孩子们有强烈的吸引力，但孩子们的木工操作必须要建立在安全和熟练使用工具的基础上，所以本章的内容从制作一块木质小石头开始，逐渐认识各种常用木工工具的使用方法和操作要求，又通过把一块木质石头做成一种实用的器物，比如木质石头组装成的衣帽墙，在这种器物制作的过程中，反复熟悉并体验锯、锉、钻、磨、钉、凿等常用的几项木工操作。

第二章和第三章是综合运用各种工具和材料玩木工，其实学习使用木工工具并没有太大难度，也没有什么诀窍，就是要像小鸟怎样学会飞一样多多地练习、反复体验和使用工具就可以了，尤其是低年龄段的孩子需要很多重复的体验。所以这两章内容的设置在于好看、好玩，只有好看和好玩的东西，才能最直接地让不管是孩子还是家长都有热情、有意愿并迫不及待地去动手制作和实现。对于孩子们可以玩的木工活动，我始终想要传达的就是怎样让孩子能保持兴趣并熟练使用工具，这样自主权就慢慢掌握在他们手里了，能想敢做，有能力做，也懂方法地做，做自己想动手实现的任何东西。

第四章是以木工的方式玩孩子的画，这是一种跟孩子一起玩木工的思路的演示和相应作品的展示。当孩子画里的形象被制作成有质感、有重量、可观、可摸、能把玩的木质实物的时候，一家人会因为这种神奇的创造力而惊喜。

最后要给读者朋友们的阅读建议是，这是一本和孩子一起玩的木工书，是一家人都可以玩的木工书。在内容设置上本书的结构像是一层一层交织的网，从不同的难易程度、不同的角度、不同的侧面来讲述跟孩子一起玩木工到底可以怎么玩，特别是对于六岁以下的孩子来说，这本书里可没有什么必须要完成的学习任务。对于这些年龄小一些的孩子来说，所有的学习首先都是带有情感的，父母在做喜欢的事情的时候，孩子就会被自己的父母感染和影响，从而产生模仿和学习的行为，所以跟年龄比较小的孩子一起玩木工，就请父母自己先释放出动手制作的热情，选好想做的木工内容之后以家长操作为主，根据孩子不同的接受程度使其适当参与其中，并完成他们感兴趣和能够胜任的部分就可以了。

有朋友说我给出的这样的木工活动给予孩子的是很多看不见的东西，不能立竿见影，是日积月累的一种底色。这的确有点说出了我的用心所在，在我给不同年龄段孩子琢磨关于他们的木工课程的这几年里，我在心里反复衡量和试探着关于什么才是真正适合不同年龄段孩子玩的木工活动，所幸是心里积累的很多疑问，都有机会在现实的实践中得到有血有肉的反馈，我正是带着很多新鲜的个人经验来整理这本书的内容的，希望能和更多的读者朋友交流共进。

作者

2021年3月

于北京通州宋庄疏野器工作室

目录

第一章

认识工具玩木工——
从做一块木质小石头开始

"听说古时候的人，就是还没发明文字的时候，会寻找类似目前心情的石头，然后送给对方，收到的人从石头的触感跟重量，去解读对方的心……"

十多年前看的电影，居然有这么一句话不经意间就往外冒。既然忘不掉，就是有太多的感同身受，捡石头表达心意这种行为，小孩子从咿咿呀呀还说不明白话的时候就会了。

当我们捡起一块石头并打算占为己有的时候，石头就不仅是块石头了，它是符合心意的东西，是心事，是愿望，是内心的喜好与此时此地的碰撞，是被勾起的故事，是情感的分量。

石头形状的木头跟真正的石头比起来，质感更温润更亲和，接下来两节的内容，就是我们如何能做出一块木质小石头，以及我们能用木质小石头来做什么。

第一节　木质小石头

从木质小石头这一节开始，我们就正式进入木工的实际操作阶段，逐步了解木工活动基本的操作流程，以及逐渐熟悉各个步骤所用到的木工工具和其安全的操作方法。

木工的基本操作流程大约包括四个步骤：切割木料、修整木料、打磨木料和对木料进行最后的表层处理——上蜡、抛光。任何木工作品，完成整个流程的操作都是个耗时很长的过程，而且需要用到各种工具，所以跟孩子一起做木工的时候，尤其是低年龄段比如4～6岁的孩子，宜以孩子们的接受程度循序渐进，一开始不宜过难，以吸引和建立兴趣为主。

除了以木工制作过程和成品带来的成就感和满足感来保持孩子们的兴趣之外，适当增加游戏环节，激发孩子们的想象力和游戏的天分，以及通过陪伴孩子一起玩木工，让孩子们看到和体会到我们亲手做出来的东西除了可以欣赏，还可以真实地应用到生活的方方面面中去，让动手成为生活的日常，甚至影响思维习惯。

说到底，玩木工想要传达出来的态度就是看到我们这双手很奇妙、能做很多事情。不管生活里负责实用还是负责美的东西，有一个直接的反应就是可以靠这双手去实现，起码觉得自己可以试一试，这是一种有硬度有韧劲的态度。当然做木工的过程既能尝到甜头也绝对少不了吃些苦头，所以掌握安全操作工具的方法，以及准备适当和必要的防护工具都是必不可少的。

制作木质小石头所需的材料和工具

材料

　　木料的种类可繁可简，木料尺寸没有具体要求，石头做大做小都可以，以自己的手工工具方便操作为准。木料来源：家里有现成可用的各种木块边角料都可以，或从网上购买各种红木边角料。

　　如果你有心去做更充分的准备，可以买一些本身自带香味的木料来做些木质小石头。比如木香较清淡的有松木、冷杉、柏木、花梨木、金丝楠等，木香稍浓郁一些的有丁香木、香樟木和绿檀木等，打磨的过程中香味会愈发明显。用香樟木制成的木质小石头可以放在衣柜里当作天然驱虫剂使用，绿檀木也比较常见，以往常被制成檀木梳子。所以找一些有香味的木头来制作一块香石头并不难实现，而且制作一块香石头，对家长、孩子，尤其小一些的孩子来说，会更具有吸引力，会让孩子更有动力去尝试。

工具

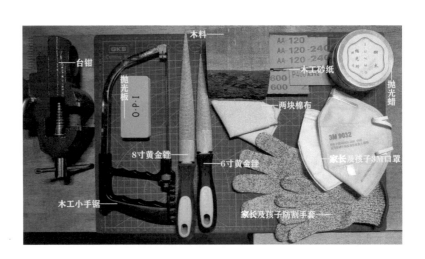

　　固定木料的工具：台钳（但凡用到锯和黄金锉以及电钻的工作环节都需要用台钳来固定木块）。

　　锯切工具：木工小手锯。

　　修形工具：黄金锉（6寸或8寸的黄金锉都可以）。

　　打磨工具：（120目、240目、400目、600目）木工砂纸。

　　表层处理工具：木蜡油/抛光蜡、两块棉布、抛光板。

　　防护工具：防割手套、围裙以及3M口罩（打磨木料时家长及孩子均需佩戴口罩）。

制作流程及方法

1.备料——制作木质切面石头

想要制作光滑的木质小石头，首先需要备料，就是学会制作出一些半成品的木质切面石头，并且准备一些真正的鹅卵石，因为在制作的环节和游戏的环节我们都用得到。半成品木质切面石头的制作可以提前由家长来完成。

这一部分内容的设置，主要是想让孩子通过一块木质小石头的制作，先从认识和使用黄金锉以及各种目数的木工砂纸入手，以及了解一些上蜡、抛光的表层处理方法。这些操作不要求孩子手部力量太大，而且这三项操作对木头质感的改变区别很明显，从这些步骤切入，孩子接受起来容易一些。所以一开始制作木质切面石头的备料工作，可以由家长独自完成，建议孩子从后面的修形、打磨、抛光这三个步骤开始做起。

当然，由家长来操作制作木质切面石头这个备料部分时，也要看孩子的意愿，如果孩子好奇，愿意参与这项备料的制作过程，可以鼓励他们尝试，这时就要注意孩子的正确用锯姿势：右手拿锯，锯子在纵向上垂直于木料、横向上要把锯子端平，保持匀速地前后推拉锯子。为防止锯条被扭断，推拉锯子的过程中一定要保持锯条始终呈一条直线，避免锯子左右摇晃、摆动造成锯条被扭扯、弯曲。

孩子用右手拿锯子的话，左手作为辅助手必须戴手套，以防受伤。家长也要养成安全防护的好习惯，以身作则。

如果孩子太小，家长可以在其身后辅助其用力和辅助其用正确安全的姿势使用木工锯。

以下为孩子独立操作时的几种正确用锯姿势示意图。

左手（辅助手）戴防割手套以及正确用锯姿势示意图

左手（辅助手）戴防割手套扶住木料以辅助锯切示意图

木质切面石头的制作方法如下。

（1）固定和截取木料

选好木料固定在台钳上，如果觉得木料尺寸不合适，就先锯下一块合适大小的木块，作为制作木质切面石头的雏形木块。

（2）切割木块

反复调整木块在台钳上被夹持的角度和方向，用锯切割木块，以获得切面木头作为石头的基本型。具体步骤是先用木工锯把木块锯切出石头形的几个大的块面，再锯切掉一些明显的棱角。首先演示怎样锯切出木质石头的几个大的块面。

锯切第一刀，去掉有树皮或最不平整的面。

换个面夹持好木块锯切第二刀。

构思接下来要锯切掉的地方并画好线。

锯切掉刚才画好线的其中一个面。

换个方便操作的方向重新夹持好木块，准备锯切刚才画好线的另外两个面。

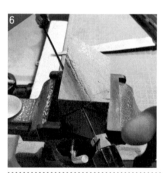
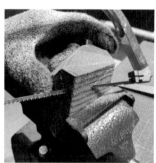

锯切掉刚才画好线的另外两个面。

取下木块，继续构思接下来要锯切掉的地方并画好线。

重新夹持好木块，并锯切掉刚画好线的其中一个面。

调整木块的夹持方向和角度，锯切掉画好线的另一个面。

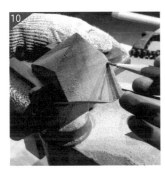

切面石头的形态已见端倪，寻找还需要锯切切面的地方并画好线。

沿刚才所画线部分锯切出切面。

木质石头的几个大的块面锯切完成。

接下来演示怎样锯切掉一些明显的棱角。

分别找到所有需要锯切掉的影响切面石头形态的明显棱角，并画好线准备锯切掉这些棱角。

分别锯切掉刚才所有画线部分的棱角。

至此，木质切面石头制作完成。

通过上述锯切木块的操作，制作出很多块木质切面石头。

2. 木质小石头的修形和打磨

建议4～6岁年龄段的孩子从木质小石头的修形和打磨开始玩起。修形和打磨用到的工具是黄金锉以及不同目数的木工砂纸，这些工具相对安全，等孩子对木工工具、材料以及木工活动的要求有较好的了解和体会后再进行其它的练习，涉及对木质材料的自主造型，包括对木工锯、曲线锯以及更多其它相对复杂的工具的运用，比如刻刀、刨子、手动或电动打孔工具等。

(1) 修形——认识和使用黄金锉

我们先来认识一下黄金锉这种修形工具以及它的使用方法。

在使用一种新工具之前,可以先跟孩子一起观察它。黄金锉有两个面,一面是圆弧形的,另一面是平的,所以又被叫作半圆锉。通过观察,我们还能发现锉面上纵横的锉纹像一排排小牙齿,用手触摸时会有些扎手,所以用这个工具去锉木头的时候,我们可以想象得到它对木头表面的形态能产生一种很大的改变。在使用黄金锉时,一般用锉的平面来修整木头平的面和凸起的面,用锉的弧形面来处理木头的凹面。

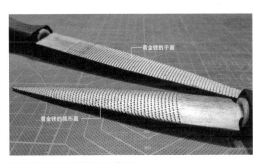

黄金锉平面和弧形面示意图

使用黄金锉正确姿势示意图

正确使用黄金锉的方法:右手握着锉柄,左手(辅助手)捏住或按压住锉刀顶端,然后两手端平,来回拉动锉刀用以修平木头,或者根据我们的意愿对木头的边角进行修形和倒圆处理。我们在操作黄金锉的过程中最好将锉刀在平行面上斜着锉,这样有益于操作动作的连贯,还可保证所修整的面能受力均匀,就是锉出来的面比较平整,这种方法需要在操作时慢慢体会。

使用黄金锉修平木料平面时的基本姿势是两手需要端平,但是倒圆木质小石头时要根据形状变换黄金锉的使用角度。

家长辅助孩子使用黄金锉示意图

使用黄金锉对木质切面石头的棱角进行倒圆处理，这一步挺费力，孩子会喊累，但这一步也很重要，因为面对真实材质，面对一种真实的硬度，你想去改变它，可能会受挫、会有落差。面对这些时，操作者不管是家长还是孩子都需要做出心理和行动上的调整，这正是木工活动很有魅力的地方。有没有调整自己心情和状态的能力，有没有尝试去用好手里的工具的能力，这也的确和年龄有关。年龄太小的话，受挫后第一反应往往会放弃，这都没关系，千万不要强求。

还有在使用黄金锉进行修形和倒圆时，左手（辅助手）捏住或按压住锉刀顶端是为了增加锉刀的摩擦力度，但锉齿扎手，家长要提醒孩子操作的时候左手（辅助手）一定要戴手套，不然会容易受伤。做好必要的手部防护，并需要孩子自己在运用工具的力度上去体会和调整。

左手（辅助手）捏住锉刀顶端操作示意图　　　　　左手（辅助手）按住锉刀顶端操作示意图

下面举例演示对木质切面石头进行修形操作的方法和步骤。

先固定：用台钳固定好要操作的木质切面石头。

再修形：一是使用黄金锉平面的那一面对切面的边棱、棱角处进行倒圆处理，反复调整切面石头的夹持角度，直

用台钳固定切面石头以及正确使用黄金锉姿势示意图

至所有边棱和棱角处都完成倒圆的效果为止。二是倒圆操作完成后，手持木质石头用黄金锉平面的那一面对其进行精修，把石头的外形修整圆润。

对边棱和棱角处修形倒圆的效果示意图

手持木质石头对其外形进行精修示意图

注意

使用黄金锉倒圆棱角和下一个步骤使用木工砂纸进行打磨时，可以和孩子通过观察与触摸真实的鹅卵石来判断自己对木质石头的处理程度。修整打磨一块木质小石头，就相当于要拿一块木头来临摹一块光滑无棱角的鹅卵石，如果孩子不停地问起他们的石头做好了没有，就让他们先看、先观察，然后脱下手套先摸摸鹅卵石再摸摸木头，让他们自己感受有没有什么区别，以及区别在哪里。跟真正的鹅卵石相比，木质石头平滑无棱角的程度以及质感的区别需要孩子运用自己的观察力主动地去判断。

用台钳固定木块对边棱和棱角进行倒圆完成效果图

用手握持木块把木质石头的外形精修圆润后效果图

以上是各种已经完成黄金锉修形这一操作步骤的木质小石头。

（2）打磨——认识和使用不同目数的木工砂纸

打磨的要旨是从低目数砂纸到高目数砂纸逐层打磨，不能跳目，就是要按照120目、240目、400目、600目、抛光板的磨砂面（相当于1500目砂纸）的顺序逐层打磨。

每层砂纸打磨完成与否的标准是——是否已经把上一层低目数砂纸的痕迹打磨掉。每层更高目数的砂纸打磨都是为了去掉上一层低目数砂纸的打磨痕迹。

黄金锉修形完成时的质感示意，即将进行120目砂纸的打磨。

经过120目粗磨砂纸打磨完成的效果，木块表面能看见明显划痕，即将进行240目砂纸的打磨。

120目粗磨砂纸的打磨是打磨步骤里最重要的一步，它能打磨掉黄金锉留下的所有锉齿痕迹，也兼具一定的修形功能，可以把石头外形按照自己的意愿修整和打磨得更圆润。

下面是两张120目砂纸打磨效果对比图。

图左是120目砂纸打磨时，锉齿印痕没有完全被打磨掉的情况，这种情况后面几道目数的砂纸是很难去除这些印痕的。图右是锉齿印痕完全被120目砂纸打磨掉的效果。

经240目中磨砂纸打磨完成的效果，木块表面有细微划痕，即将进行400目砂纸的打磨。心思细腻的孩子没准还会告诉你，从刚才的120目砂纸换成现在的240目砂纸，连打磨的声音都变了，小孩的观察力总会让人收获意外的惊喜。

经400目砂纸精磨完成的效果，木块表面比较光滑，用手触摸感觉不到毛刺，即将进行600目砂纸的打磨。

经 600 目精磨砂纸打磨完成的效果，打磨后木块表面已经很光滑，而且木纹的纹理变得更清晰，即将用抛光板的磨砂面进行抛光式打磨。

经抛光板磨砂面抛光式打磨完成的效果，打磨后木块表面细腻有光泽。这是块金丝楠木做成的小石头，木纹里的金丝已经显现。

在这个打磨的环节中，我们还可以跟孩子一起学着怎么来制造顺手的打磨辅助工具，借助各种灵机一动得来的打磨辅助工具进行打磨，可以让操作更顺手或更省时省力。参与木工活动的过程中主动自制或改良工具是一种积极面对问题的状态，反映出对工具的理解和使用程度。

以下是常用的两种打磨方式示意以及抛光式打磨的示意。

孩子自制打磨辅助工具打磨示意图

手持砂纸打磨示意图

将砂纸包裹在抛光板上打磨示意图

其中，手持砂纸打磨时，把砂纸对折或多折几层会更好用。

把砂纸包裹在抛光板上打磨，抛光板既有硬度又有弹性，还方便抓握，所以是打磨时非常好用的辅助工具。

用抛光板的磨砂面进行抛光式打磨示意图

对于特别小的孩子，比如4～6岁年龄段的孩子，让他们感受不同目数逐层打磨木质小石头带来的手感、质感的变化，只是大概体会下这种有层次的逐渐的区别就可以了，不必要求打磨得多么完美。家长可以自己操作得尽量到位一些，当你打磨出一块细腻光滑的木质小石头时，就可以坦然收获孩子羡慕的小眼神了。他们的眼神告诉你，他们也想要那么滑、那么亮的木质小石头，可为什么自己做不到呢？接下来就可以是你们私密的言传身教时间啦。

3.木质小石头的上蜡、抛光

上蜡、抛光是对木质小石头进行最后的表层处理，所用木蜡油最好是食用级的木蜡油，经抛光后对木头起到保养作用，形成天然包浆的效果，能有效隔绝水滴、防裂、防虫、防潮、防霉。

木质小石头经过砂纸粗磨、中磨、精磨等打磨处理后，下一步的任务就是用棉布蘸取适量木蜡油（或者抛光蜡）均匀涂抹在木头表面，为了加速木头对木蜡油的吸收，还可以使用热风枪或吹风机，使用数分钟后等木块温度完全冷却，换一块干净的棉布把木质小石头表面多余的木蜡油擦掉，反复地擦拭直到木头表面不再有黏手和涩手的感觉，然后用抛光板的白色抛光面对木质小石头进行抛光处理。

下面具体演示木质小石头上蜡、抛光的方法和步骤。

用棉布蘸取适量木蜡油均匀涂抹在木质石头表面。

木质石头整个表面都涂抹完木蜡油。

涂抹完木蜡油后，木头的纹理和整体的颜色都变重，但由于所用蜡的质地黏稠并不能很快地被木头吸收，木头的棕孔都还露着白茬，大量的木蜡都还浮在木头表面，所以需要用热风枪加速木头对木蜡油的吸收。没有热风枪的可以用家里的吹风机代替，效果也很好。

注意 此步骤由家长来操作，木块温度较高小心烫手。

使用热风枪或家用吹风机加速木蜡油融化吸收。

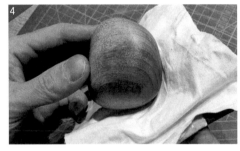

用一块干净的棉布把木质小石头表面多余的木蜡油擦掉。

注意 用棉布擦除小石头表面多余的木蜡油时，必须在用完热风枪或家用吹风机等木块完全凉透后进行。

擦掉木头表面多余蜡后的效果。

用抛光板的白色抛光面进行抛光。

注意 抛光的方法是需要用抛光板的白色抛光面在木头表面反复地快速擦拭。

下面两张图是用抛光板对木质小石头抛光前后的效果对比。

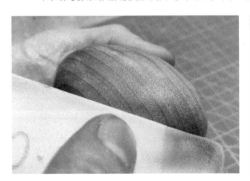

抛光之前效果图

抛光之后效果图

金丝楠木木质小石头抛光完成的最终效果图

上图左边是块木头，右边是块石头。左边这块用乌木做成的木质小石头抛光完成后简直可以以假乱真，是不是还真有点分不清哪边是木质小石头哪边是真正的小石头呢？亲自抛光出木头光泽的时候，不管是家长还是孩子，眼神也都是发光发亮的了。

带孩子一起参与逐层打磨和上蜡、抛光的各个环节，是想要他们能够感受木头不同处理程度的质感，感受原木的粗糙，感受一遍遍打磨带来的质感上的变化，感受木头被抛光出的温润的光，亲近这些质感，触摸这些质感带来的细腻的层次变化。

这种对不同处理阶段木头质感的触摸经验，是本书在设置各个章节木工活动时想要经常传达的内容。

4.木质小石头的小游戏

如果你手头有做好了的几块木质小石头，可以这样玩一个小游戏。

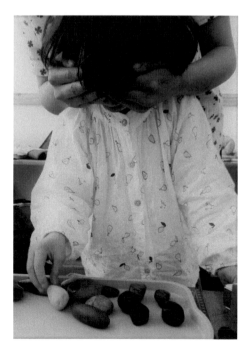

把抛光好的木质小石头跟一些真正的光滑的鹅卵石混在一起，加入游戏的孩子需要挨个儿蒙上眼睛，用手去石头堆里找到那几块木质的小石头，小手的末端神经好像被装上了放大镜，通过感觉分量和冷暖，以及其它的一些细微的

感受，来区分木质石头和真正的石头。

　　游戏的规则可以发挥想象和创意，由自己来定：比如蒙上眼睛后可以反过来在一堆混杂着木质石头的石头堆里用手找出所有真正的鹅卵石；或者编进故事，假装玩排雷游戏，假装木质小石头是混迹在一大堆鹅卵石中的地雷，蒙上眼睛用手排雷，找出所有木质小石头以排除危险。

　　说起会玩，可能家长真玩不过孩子，索性交给他们，制定游戏规则本身也正是他们的快乐所在。

5.这些木质小石头可以用来做什么

　　做好很多的木质小石头放在一起，在一堆木质石头里随便挑两块放在一起就能勾出好多想象。

　　孩子长大那么快，只属于某个年龄段的孩子气，稍纵即逝，所以珍视他们那个充满想象的世界，给他们一堆木质小石头，花上一些心思，那些孩子气跑进他们的作品里，都是了不起的打动人心的好东西。

　　下面是一些用木质小石头来做成什么的玩法的示意。

　　下图中这个用木质小石头做成的小家伙像不像一只八大山人画里的鸟？

　　当我发现这两块木质小石头极像八大山人画里翻着白眼的鸟的时候，就迫不及待给它装上了两条腿，后来又"画蛇添足"地添上了一对翅膀和一双小白眼。

　　下面这个作品我给它起名叫无脸男，因为有一天我的儿子告诉我《千与千寻》里他最喜欢无脸男。

　　下面的这个作品像是一位世外的长者，经得起山山水水、风风雨雨，也享受得了风轻云淡、日月消磨。不过小朋友可能觉得他更像个蚂蚁爷爷。

　　下图中这两块百无一用又很丑的木质小石头居然成了一只丑小鸭。

　　关于木质小石头有什么好做的，也就是我们可以用这些木质小石头来做什么，如果像前文中那样花一些心思的玩法自己随意玩过瘾了，可以再琢磨点实用的，让跟木质小石头相关的东西实用之外平添一点儿野趣。比如一块石头做的吊坠，还可以把木质小石头装上墙来满足你的勾勾挂挂，或者其它任何什么你想让它成为的东西。

　　下一节就详细演示一种用木质小石头做成的实用器物的制作过程和方法。

第二节　木质石头挂钩

制作木质石头挂钩所需材料和工具

材料

　　① 提前制作6块左右的木质小石头（具体数量无要求，制作方法参考木质小石头的制作流程及方法），尺寸：直径或长宽在5cm左右，厚度不宜小于3cm。

　　② 准备相应的金属连接件和相应辅助零件（金属连接件尺寸可以按自己制作的木质小石头的大小自行定义。注意打孔的深度和直径，需要和购买的金属连接件以及辅助零件尺寸相对应、相一致）。以下是常用的配件配套尺寸。金属连接件：双头牙自攻螺丝钉（型号M6×40，表示直径6mm，长度40mm）、内外牙螺母预埋件（型号M6×10，表示内直径6mm，长度10mm）；辅助零件：膨胀螺丝用的那种塑料膨胀管（规格M8×40，表示外直径8mm，长度40mm）。

工具

制作木质小石头的工具参考第一节相应内容。

本节制作木质石头挂钩所需工具如下。

主要打孔工具：电钻（在木质小石头上打孔用）、冲击钻（在墙上打孔用）、相应的木工钻头和水泥墙用冲击钻头。

辅助工具：羊角锤、六角扳手、台钳。

防护用具：3M口罩（打磨木块时家长及孩子均需佩戴口罩）、围裙以及防割手套。

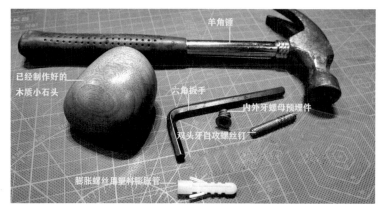

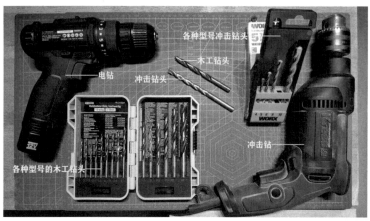

制作流程及方法

制作木质石头挂钩的衣帽墙有三个步骤：一是木质小石头上安装内外牙螺母预埋件；二是墙上打孔及安装；三是完成组装。下面具体演示制作流程和方法。

1.木质小石头上安装内外牙螺母预埋件

(1) 在木质小石头上打孔

确认将要安装的内外牙螺母预埋件外直径为
10.5mm，选10mm木工钻头打孔。

打孔时先定位要打孔的位置，倾斜钻头用钻头尖
定位。把木块固定在台钳上，左手（辅助手）戴
好手套辅助打孔。

定好位之后，用电钻垂直打孔。

打孔后用600目砂纸打磨掉开孔边缘的木茬，打
孔结束。

注意 打孔深度根据需要拧入的内外牙螺母预埋件的长度而定，比如用M6×10
型号预埋件，其总长是10mm，所以往木质小石头上开孔的深度为大于
或等于10mm，同时切忌开孔过深而打穿木质小石头。

(2) 装入内外牙螺母预埋件

孔内装入内外牙螺母预埋件，并
用合适的六角扳手拧紧。

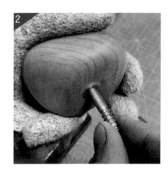

往螺母里拧入双头牙自攻螺丝钉，金属连接件全部安装完毕。

给所准备的木质小石头全都安装好金属连接件。

装了内外牙螺母预埋件的木质小石头是不是看起来还挺酷，装上墙后就有一面木质小石头做的衣帽墙了。

2.墙上打孔及安装

（1）在墙体上钻孔

在墙上要安装木质石头挂钩的地方定位并标记出打孔的位置，然后用冲击钻分别在已定位标记的地方打孔。

注意　打孔的深度以及直径需要和待装入的螺丝和塑料膨胀管的尺寸相符，打孔直径与塑料膨胀管直径吻合，打孔深度要大于或等于塑料膨胀管的长度。

冲击钻或普通大扭力电钻安装好合适的钻头后，在墙上标记好的位置垂直打孔。

（2）将塑料膨胀管敲入墙体

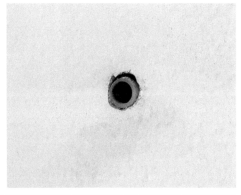

墙上打好孔后装入塑料膨胀管的操作。

（3）把装好金属连接件的木质小石头安装上墙

插入螺丝顺时针拧动，将木质小石头拧至跟墙面平齐即可。

3.完成组装

全部木质小石头根据布局的位置安装上墙后，组装全部完成。

第二章

综合运用工具和材料玩木工
——各种各样的拼木小鱼

2018年的儿童节，我的孩子所在的学习社区举办游园会，我负责了一个游戏项目——钓鱼游戏。印象里曾经见过一张图片是用双色木头拼接做的木质小鱼，当时就觉得太好看了，于是在我的记忆里埋下了根。借着儿童节的游戏，我终于有理由做小鱼了，我做得过瘾，孩子们玩得也过瘾。千万别低估了孩子感知美的能力，听说玩了这钓鱼游戏，孩子后来买钓鱼玩具都买不成了，因为他们就想要我做的那种小鱼，美好的事物总有这么打动人心的气场。后来才知道我见过的那张图片里面的小鱼是台湾设计师阎瑞麟的作品，他有很多跟他女儿共同创作的木质作品，细腻、温暖而又充满童趣，感兴趣的朋友可以自己去了解。

现在，不用等儿童节了，只要觉得喜欢，就试着跟孩子一起做各种各样的拼木小鱼吧。

第一节 拼木小鱼

制作拼木小鱼所需的工具和材料

工具

取形工具：曲线锯。

修形工具：什锦木锉。

打磨工具：（120目、240目、400目、600目）木工砂纸。

其它辅助工具：木蜡油/抛光蜡、棉布、抛光板、台钳。

防护工具：3M口罩（打磨木块时家长及孩子均需佩戴口罩）、围裙以及防割手套。

黏合工具：木工胶或401胶。

材料

木料颜色种类可繁可简，比如你可以多买几种颜色的木料，也可以只买两

种不同颜色的木料。木料的尺寸，建议从网上购买有具体尺寸的木料，选择长度、宽度、厚度方面尺寸一致的木料，尤其需要厚度一致的木料，这样在制作拼木小鱼时能减免一些工序。比如买现成的尺寸一致的贴片料或牌子料，长度、宽度、厚度为6cm×4cm×1cm或6cm×3cm×1cm的牌子料都是网上常见的尺寸，比较好找。

制作流程及方法

一是备料。

为了拼木小鱼拼接口的结实美观，我在工作室准备材料时会事先做好备料工作，就是做出一批有榫卯接口的木板材料，木料颜色尽量丰富，方便拼木时在颜色和纹理上能有丰富的搭配。来做拼木小鱼的家长和孩子，只需要在已准备好的木板料里选择自己喜欢的木料颜色和纹理的搭配，在榫卯接口上抹胶，再把榫卯拼插在一起，稍等胶干就可以做自己的拼木小鱼了。

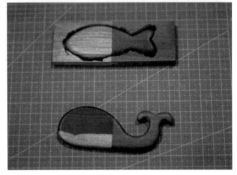

这种有榫卯接口的拼木小鱼，从侧面可以看到两块木板拼接在一起的结构，这种榫卯结构外露示人的时候具有结构本身的美感，并且这种拼木结构让拼木小鱼更加结实。但在家庭制作时，往往由于工具的限制，榫卯接口的制作不具有更普遍的可行性，所以下面制作步骤的演示会忽略开榫备料这一步，拼木接口选用直接用胶黏合的方式操作。

二是拼木。

拼木这一步是把你准备好的同样厚度的木板，按想要的颜色搭配拼接并黏合在一起。比如你想要一条白色木头和红色木头拼接成的小鱼，就把白色木料的木板跟红色木料的木板拼粘在一起。

拼木板时可以一次多搭配出一些拼木的方案，多拼粘出一些拼木板留着有空时慢慢做，这样就不用每次想做拼木小鱼时都得先拼木板，还得每次都耗费一些时间等胶完全干透。

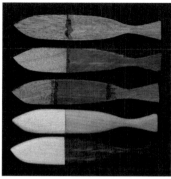

图左为一次多搭配出一些拼木的方案，正在等待胶干；图右为正在制作中的拼木小鱼，是同一种鱼形的多种拼木搭配的方案示意。

下面具体演示拼木小鱼的制作流程及方法。

1. 拼接木板

首先选一块浅色的樱桃木木料和颜色偏红的红花梨木料做拼木小鱼，两块木料的厚度都是1cm。红花梨木板太长，先截取需要的木料长度，然后在两块木料的拼接面上抹胶，将两块木头在厚度上尽量对齐拼粘在一起。如果木板长度合适，就可以忽略裁切木板的步骤，直接在其中一块木板的拼接面上抹胶将两块木板拼粘在一起。

木板拼好、胶也干透后就可以在木板上画出自己想要的小鱼形状，第一步拼接木板的工作结束。

注意 使用401胶干得比较快，用手把两块木头的接缝处稍微摁紧，很快胶就会干。如果用的是木工胶的话，需要提前一晚拼粘木板，然后等第二天胶完全干透后再进行下一步的操作。

在一块木板的拼接面上抹胶。　　将两块木板对齐，粘在一起并用手摁紧等胶干透。　　在拼接好的木板上画出自己喜欢的小鱼形状。

以上是两块木料拼接的演示，三块或其它拼木方案的操作同理。

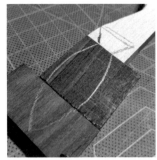

三块木板拼粘在一起做拼木小鱼的操作。

2.锯切取形——认识和使用曲线锯

锯切拼木小鱼的轮廓会用到一种新的锯切取形工具，叫曲线锯，也叫拉花锯。曲线锯跟之前用到的木工小手锯相比，主要是锯条不一样：木工小手锯的锯条要比曲线锯的锯条宽，而且锯条的锯齿是单面的，锯直线或对木料进行切断操作时使用木工小手锯会比较得心应手；曲线锯的锯条，不是片状而是线性的锯条，锯齿在这根线上呈螺旋状分布，曲线锯的锯条特征，让它在各个方向都可以用力并可以随时调整锯切的方向，不用拘泥于锯齿方向，所以使用过程中更加灵活。

使用曲线锯时需要注意：一个使用要点是锯切的过程要尽量匀速，根据锯切的速度移动锯条的位置，切不可心急而强行扭拽曲线锯，这样容易使锯条断掉。另一个使用要点和木工小手锯的操作要求一样，手要端平，锯切方向要与木板面垂直。

家长辅助孩子使用曲线锯和孩子独立操作曲线锯示意图

使用曲线锯锯切取形的步骤是：画好鱼形后，用台钳固定好拼木木料，用曲线锯沿所画鱼形的轮廓线锯切出完整的鱼形。

用曲线锯沿所画轮廓线锯出完整鱼形。

注意 锯切的过程需要适时调整台钳夹持木料的位置，以方便曲线锯的操作；也要注意夹持时保护两块木头的接缝处，因为直接胶粘的拼接结构受力太大会断开，所以在锯子锯到哪块木料的位置时，就要用台钳夹持在哪块木料上让其受力；小鱼的尾巴等形状较复杂的地方，以及拐弯较多的地方锯切时速度要慢一些，可以用左手（辅助手）扶住木料，以减少晃动，辅助锯切的顺利进行。

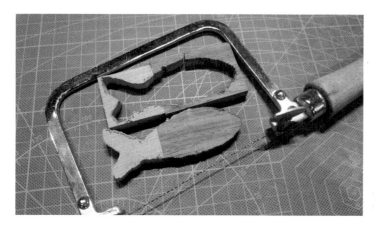

用曲线锯沿所画轮廓线
锯切完成的拼木小鱼。

3.修形——认识和使用什锦木锉

做拼木小鱼我们还会用到一种新的修形工具，叫什锦木锉，适合修整体量比较小、轮廓线形状又相对复杂需要精细修形的木工作品。一套什锦木锉里，在做拼木小鱼时最常用的两把锉刀是半圆锉和平头的扁锉。孩子年龄太小的话，家长可以辅助操作。用什锦木锉修形的步骤是先修平再倒圆。

家长辅助孩子使用什锦木锉和孩子独自操作什锦木锉进行修形示意图

（1）修平

用台钳固定小鱼木块，再用锉刀沿所画的小鱼轮廓修理平整。因为曲线锯锯切形状时，小鱼边缘会坑洼不平，特别是小孩操作时他们手部的力量以及对曲线锯的把控都不足，所以需要用锉刀修形进一步把小鱼的轮廓修成自己更满意的形状，这需要有意识主动地控制手里的工具完成自己的意愿。

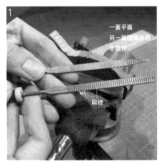

准备半圆锉和扁锉。

用扁锉修平小鱼轮廓的平面和凸起的面。

用半圆锉修平小鱼轮廓凹形的面。小鱼尾巴的形状相对复杂，曲线变化比较多，所以适合灵活运用半圆锉的圆弧面、平面以及细尖的顶端来锉、磨和修整。

半圆锉的圆弧面示意。

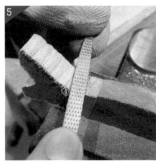

用半圆锉的圆弧面修平小鱼尾部凹面轮廓。

随手变换成半圆锉的平面，修平小鱼尾部平整轮廓。

用锉刀完成拼木小鱼轮廓修平操作的效果图。

（2）倒圆

　　用台钳固定小鱼木块，再用锉刀把小鱼轮廓的边角倒圆。小鱼轮廓的边和角倒圆的程度依个人喜好而定，就是小鱼边角修的弧度是更大、更圆润一些，还是让轮廓方一些、硬朗一些，因人而异。

用扁锉倒圆鱼身部分边棱。

用半圆锉的圆弧面倒圆鱼尾凹形面边棱。

用半圆锉的平面倒圆鱼尾平面边棱。

灵活运用半圆锉的圆弧面、平面和尖端对小鱼尾部进行精修。

反复调整台钳夹持小鱼的角度以方便锉刀的操作，等沿小鱼的轮廓把边棱都倒圆完成之后，就可以把小鱼从台钳上拿下来，以台钳或桌面为支点，手持小鱼用锉刀进行精修，让小鱼的外形更圆润饱满、更符合自己的意愿。尤其像小鱼尾巴这种轮廓复杂的部位，手持修形更具有操作的灵活性，所以最后的精修可以着重修整这些用台钳夹持时不容易修整到的地方。

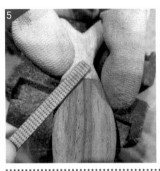 

小鱼尾部和整个轮廓倒圆的操作都结束后，最后用扁锉把小鱼鱼身正反两个平面再修平一下，尤其是拼木的拼接口处容易有胶痕，或者因为两块木料厚度的差异让拼接口处高低不平，这些情况应着重用锉刀修平处理一下。图左为用扁锉修平拼木拼接口之前的效果，两块木料的拼接处稍微有些高低不平；图右为用扁锉修平拼木拼接口之后的效果。

小鱼轮廓修形倒圆的程度可以因人而异、因具体每个操作者的喜好而定，并不是所有人都喜欢把轮廓修得太圆润。

4.打磨

具体打磨的方法和要求，以及各目数砂纸的打磨效果可以参考"打磨——认识和使用不同目数的木工砂纸"相关内容。

120目粗磨砂纸的打磨是打磨步骤里最重要的一步，可以把小鱼的外形进一步修整成自己更加满意的程度。

用120目砂纸包裹抛光板的方式打磨鱼身等大面积位置。

从抛光板上切下一条小块，用120目砂纸包裹小块抛光板打磨小鱼尾部等边角复杂位置。

把120目砂纸对折两次以增加韧度，精修鱼尾缝隙。

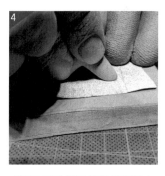

鱼尾底部还有点小小的平面，别忘了鱼尾底部的打磨，打磨的方法是把120目砂纸平铺在桌面上，或者把120目砂纸平铺在抛光板上，让鱼尾底部平面贴在120目砂纸上，手稍稍对鱼尾施加压力进行画圈式或来回往复的打磨。

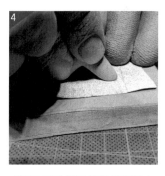
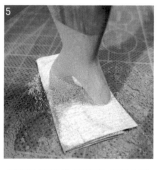
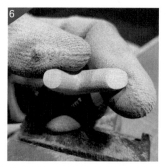

把120目砂纸平铺在抛光板上对鱼尾底部进行打磨。

把120目砂纸平铺在桌面上对鱼尾底部进行打磨。

鱼尾底部经打磨修平后的效果。

拼木小鱼经过120目粗磨砂纸修形打磨完成之后的效果。

拼木小鱼经120目砂纸打磨完成后，再依次按照240目、400目、600目和抛光板磨砂面抛光式打磨的顺序逐层打磨。经抛光板抛光式打磨完成后，砂纸逐层打磨的工作全部完成。

经抛光板磨砂面抛光式打磨完成后的效果。

5.上蜡、抛光

上蜡、抛光是对拼木小鱼进行的最后表层处理。具体做法是用棉布蘸取木蜡油或抛光蜡，对木头表面擦拭上蜡，然后换一块干净的棉布把拼木小鱼表面多余的木蜡油擦掉，反复擦拭到木头表面不再黏手和涩手的程度，再用抛光板的白色抛光面对拼木小鱼进行抛光处理。

拼木小鱼木头表面擦了木蜡油的效果图

拼木小鱼表面经过抛光板的白色抛光面抛光之后的效果图

拼木小鱼经上蜡处理之后颜色变深、纹理变重，再经抛光后木头表面有光泽，这样经上蜡、抛光的表层处理之后对木头起到保养作用，形成天然包浆的效果，能有效隔绝水滴，防裂、防虫、防潮、防霉。当然如果不喜欢上蜡之后木头颜色变重的质感，可以经砂纸逐层打磨完成之后直接抛光。

三种木头的拼木小鱼锯切完成时的效果图

三种木头的拼木小鱼不上蜡直接抛光的完成效果图

一家人一起认认真真做各自的拼木小鱼，有互相的帮助和合作，也有各自的独立决策和制作。看吧，一场好的陪伴，眼神里都泛着光。

我们总想给孩子一些更理想的启蒙，既然是启蒙，特别是关于感知美的启蒙，就离不开日常器物的熏陶。你做的小鱼让它成为日常中的什么由你来想，我拿做的小鱼做了拼木小鱼冰箱贴、拼木小鱼胸针、波点拼木小鱼发夹、条纹拼木小鱼风铃和拼木小鱼钓鱼玩具。后面几节内容会逐一进行制作方法的操作演示。

第二节 拼木小鱼冰箱贴

制作拼木小鱼冰箱贴所需工具和材料

工具

　　打孔工具：电钻、木工钻头。

　　辅助工具：木工胶或401胶、一块抛光板。

　　防护工具：防割手套、围裙以及3M口罩（打磨木料时家长及孩子均需佩戴口罩）。

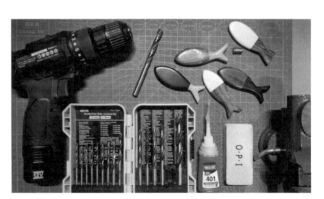

材料

　　① 提前准备需要做冰箱贴的拼木小鱼，数量及尺寸自愿或参考本章第一节制作拼木小鱼所需工具、材料及制作流程、方法。

　　② 准备磁铁，这里用的是圆形强磁吸铁石，常用尺寸为直径8mm、厚度3mm。

制作方法和过程

拼木小鱼的制作方法参见上一节的内容。如果你手中已经有制作完成的拼木小鱼，想进一步把它们制作成冰箱贴，只需两个步骤：打孔和组装。

1.打孔

选择和所买磁铁直径相同的木工钻头，把需要打孔的拼木小鱼平放在桌面上用手扶稳，选择需要开孔的地方并画好标记，电钻安装好钻头后垂直打孔。开孔深度≤磁铁厚度，我准备的磁铁厚3mm，所以开孔深度≤3mm。开孔完成后，用抛光板的磨砂面打磨处理一下开孔边缘的毛茬。

在想要装磁铁的位置用笔画好标记。

打孔时先用木工钻头倾斜定位。

定好位置后用电钻垂直打孔。

打孔完成之后，用抛光板的磨砂面打磨处理开孔边缘的毛茬。

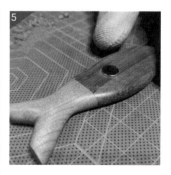

将磁铁放入所打孔内试一下深度是否合适，磁铁稍高于鱼身表面或齐平于鱼身表面即为合适。

2.组装

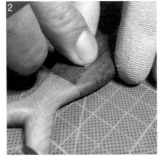
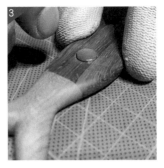

在新开孔的内壁和底面抹少量胶。

抹好胶后把磁铁摁进孔内,并用手稍稍摁一会儿等待胶干。

等胶干透,组装完成。

注意 胶还没有完全干透之前先不要把它吸到铁板或者冰箱上去,这样做之后马上想拿下来容易把磁铁吸出来。

让这些亲手做出来的拼木小鱼冰箱贴,点缀在厨房里沾染点烟火气吧。

第三节 拼木小鱼胸针

制作拼木小鱼胸针所需工具和材料

工具

　　打孔工具：电钻、木工钻头。

　　辅助工具：锤子、大头钉（帽径2.6mm，钉粗1.2mm，钉长8mm）、木工胶或401胶、一块抛光板。

　　防护工具：防割手套、围裙以及3M口罩（打磨木料时家长及孩子均需佩戴口罩）。

材料

　　① 准备好需要做胸针的拼木小鱼，数量及尺寸自愿或参考本章第一节制作拼木小鱼所需工具、材料及制作流程、方法。

　　② 准备做胸针的配件材料，这里用的是带安全锁头的别针，尺寸型号根据所做拼木小鱼的大小而定。其它可用于做胸针的配件还有托盘胸针、平底托盘胸针等，可根据需要自行选购。

制作方法和过程

制作拼木小鱼胸针的方法和步骤是先打孔再组装，下面进行具体的制作演示。

1.打孔

根据别针的孔位定位打孔，选择合适粗度的木工钻头，要钉进孔内的大头钉钉粗1.2mm，所以选用直径1.2mm的钻头打孔。电钻安装好钻头先倾斜钻头用钻头尖端定好位置，再垂直钻头，向下垂直用力打孔，开孔深度参考大头钉长度。画好定位的两个孔都如此操作完成后，打孔工作结束。

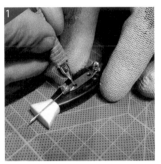 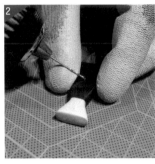 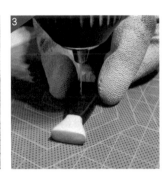

给别针定位画线。　　打孔时先在画线的位置用钻头倾斜定位。　　电钻垂直打孔。

2.组装

打孔完成后，先用抛光板的磨砂面打磨处理一下开孔边缘的毛茬，再用白色抛光面稍稍抛光一下打磨的痕迹，然后孔内点进少量胶，两孔之间也要抹少量胶，别针对齐两孔后粘到对应的位置上，稍等别针跟拼木小鱼的接触面胶干后，往两个孔内分别钉进大头钉用以锁牢结构，组装完成。

两个孔都打完之后用抛光板打磨处理打孔边缘的毛茬。　　在两个孔内以及两孔之间的面上抹少量胶。　　抹完胶之后对齐两个孔的位置粘紧别针，手稍稍用力摁一会儿等胶干透。

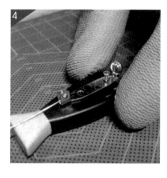  

安装大头钉时，先往其中一个   借助一小截木棍用锤子将大头钉锤进孔内。
孔内放入大头钉。

第二个钉重复以上操作，钉进孔内之后，拼木小鱼胸针的组装操作全部完成。

给儿子做的拼木小鱼胸针

8 岁的——做的拼木小鱼胸针

第四节 波点拼木小鱼发夹

制作波点拼木小鱼发夹所需工具和材料

工具

　　主要工具：电钻、各种型号木工钻头、曲线锯、小手锯。

　　修形和打磨工具：什锦木锉、（120目、240目、400目、600目）木工砂纸、抛光板。

　　其它辅助性工具：401胶、台钳、围裙、防割手套、3M口罩（打磨木块时家长及孩子均需佩戴口罩）。

材料

　　① 准备几块厚度相同、颜色和纹理不同的木料，建议从网上购买现成的厚度一样的牌子料、书签料、刀柄料等。

② 准备直径3～10mm不等、颜色也各不相同的圆木棍用来制作波点的效果。

③ 做发夹的材料，方夹或鸭嘴夹，长度2～8cm不等、宽度5～10mm，方夹尺寸很多，根据个人具体需求购买。

制作流程及方法

制作波点拼木小鱼发夹分两个步骤进行：一是学习制作波点拼木，二是用制成的波点拼木拼板做成波点拼木小鱼发夹。

1. 学习制作波点拼木

下面分三种情况演示制作波点拼木：无序排列的小波点拼木做法、波点大小不一的拼木做法、有序排列的大波点拼木做法。其中以无序排列的小波点拼木的做法讲解最为详细，其它两种形式的波点拼木做法因为制作原理和方法与第一种相通，所以只做简略介绍。

（1）无序排列的小波点拼木

首先是选料搭配和选择合适粗度的木工钻头。这里选了一种黑色条纹乌木的木料作为底色，选了一种红色木料的圆木棍来制作波点，因为是制作小波点，所以所选红色圆棍的直径是3mm，这是我的圆木棍材料里最小的一种直径尺寸。

选好颜色搭配和相应的木料之后，选出和红色圆棍直径相同的3mm粗的木工钻头，就可以开始正式的操作了。下面是制作无序排列的小波点拼木的方法和步骤。

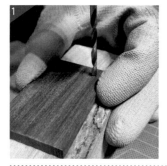  

电钻上安装好直径3mm的钻头后，在作为底色用的木料上垂直打孔，直至在木板上打满无序排列的小圆孔。

注意　这里打的孔全是通孔，就是要用钻头把木板打透，所以进行打孔的木板下面最好垫一块平整木板。

在打满无序排列的小圆孔的木板上，用所选圆木棍逐一填充圆孔，制作出波点。具体做法是往圆孔里抹少量胶，然后插入圆木棍至与木板背面齐平，之后用小手锯沿与木板正面平面齐平的位置，锯断圆木棍，一个小波点就制作完成了。重复这项操作，直至把所有圆孔都用小波点填满为止。

用圆木棍填充圆孔制作出小波点的操作过程需注意的事项：圆孔内抹少量胶插入圆木棍时可以用左手（辅助手）拿一块棉布，以便随时擦掉被挤出背面的胶痕；制作小波点拼木时木板背面全是胶痕和坑洼不平的质感，这都没关系，小波点填充完成之后下一步还需要对木板表面进行打磨取平。

所有圆孔都被小波点填满，无序排列的小波点拼木初步完成。

（2）其它两种形式的波点拼木

即波点大小不一的拼木、有序排列的大波点拼木。制作这两种形式的波点拼木时首先也是选料搭配和选择合适粗度的木工钻头。

图左是为制作波点大小不一的拼木，所选的材料搭配和相应粗度的木工钻头。选了一种白色的枫木木板作为波点拼木的底色，选了三种粗度不同但颜色相同的黑色圆木棍制作波点用，所选三种相应粗度的木工钻头的直径分别是3mm、3.5mm、5mm。

上图右是为制作有序排列的大波点拼木，所选的材料搭配和相应粗度的木工钻头。选了一种灰粉色的沙比利木料作为底色，选了一种直径较粗的白色圆木棍制作波点用，所选相应粗度的木工钻头直径为5mm。

制作波点大小不一的拼木的操作如下。

 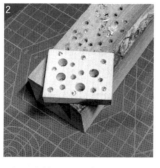 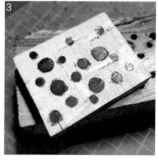

分别用三种不同粗度的木工钻头，在木板上随意排列着进行垂直打孔。

孔至孔的间隔和密度满意后，打孔操作完成。

在所有孔内都填充相应粗度的圆木棍做成波点，波点大小不一的拼木初步完成。

第三种有序排列的大波点拼木的制作，与前两种波点拼木的制作原理和操作步骤一致，只不过在打孔时要让孔均匀有序地排列，直至均匀有序排列的孔把木板空间排布满，然后像前两种波点拼木的操作一样填满圆木棍做成波点，制作即完成。

  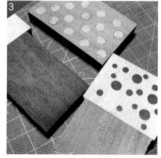

选两种形式的波点拼木，各自继续加入第三种木料，拼粘成一种混合拼木木板。

混合拼板方案拼粘完成，等胶干透之后，用120目砂纸包裹抛光板，分别对三块波点拼木木板进行修平打磨。

三种方案的波点拼木木板各自的正反两面都被打磨修平之后，波点拼木制作完成。

2.制作波点拼木小鱼发夹

制作波点拼木小鱼发夹分两个步骤进行操作：一是制作波点拼木小鱼，二是组装发夹。

（1）制作波点拼木小鱼

不管是波点拼木小鱼还是之前讲过的普通拼木小鱼，其制作方法和各步骤的具体操作要求都是一样的，每个制作步骤具体操作方法的细节可以参考拼木

小鱼的制作流程及方法，这里只做每个步骤操作效果的示意，不展开具体的操作讲解。

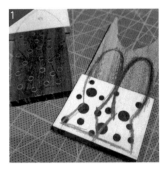

在制作好的波点拼木木板上画出自己想要的鱼形。

用曲线锯沿所画轮廓线锯切取下鱼形。

用什锦木锉沿所画小鱼的形状，把小鱼参差不齐的轮廓修磨平整。

小鱼的轮廓修平之后，用什锦木锉对小鱼轮廓进行倒圆操作。

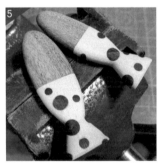

经120目砂纸粗磨打磨后的效果。

经其余几个目数的砂纸逐层打磨以及用抛光板抛光之后，波点拼木小鱼最终完成的效果。

下面是另外两个波点拼木方案制作波点拼木小鱼的步骤。

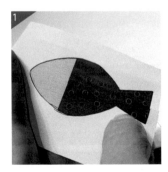

用纸上剪出的镂空鱼形放在波点拼木木料上进行构图，并画出鱼形。

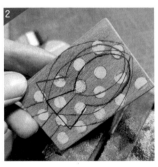

同一块木板上可能会有多种小鱼形状方案，但最终要选定一个方案来完成制作。

两条波点拼木小鱼最终制作完成的效果。

（2）组装发夹

步骤是先备料，再组装。

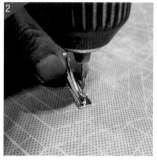

备齐组装发夹所用工具和材料。材料包括已经制作完成的波点拼木小鱼、方夹、大头钉，工具有电钻、和大头钉的粗度相同的钻头、401胶，另外还需要一把小锤子。

先把方夹背面朝上放在桌子上，然后在方夹两端分别打孔。

方夹两端打孔完成的效果。

给方夹正面抹适量胶后把小鱼跟方夹拼粘在一起，然后再把小鱼发夹背面朝上平放在桌面上等待胶干。

为了加固组装效果，需要透过方夹上打孔的位置再次打孔。

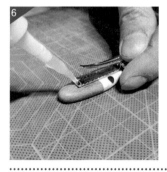

孔都打好后，往两个孔内抹少量胶并分别放上大头钉，用锤子将钉都敲入孔内，组装完成。

女孩子们戴上波点拼木小鱼发夹去春游啊！

第五节 条纹拼木小鱼风铃

制作条纹拼木小鱼风铃所需工具和材料

工具

　　固定木料的工具：4寸G夹、台钳。

　　取形和修形工具：曲线锯、什锦木锉。

　　打磨工具：（120目、240目、400目、600目）木工砂纸。

　　其它辅助性工具：抛光板、木工胶、电钻、直径1.2mm钻头、围裙、防割手套、3M口罩（打磨木块时家长及孩子均需佩戴口罩）。

材料

　　① 准备几块厚度、颜色和纹理都不同的木料，建议从网上购买现成的厚度不一样的牌子料、书签料、刀柄料等，多选择几种颜色和厚度的木料进行条纹拼木的搭配。

　　② 准备渔线和现成的风铃，铸铁风铃、纯铜风铃、玻璃风铃、陶瓷风铃或者自制竹筒风铃等都可以。

制作流程及方法

制作条纹拼木小鱼风铃分两个步骤进行：一是学习制作条纹拼木，二是用制成的条纹拼木制作条纹拼木小鱼风铃。

1.学习制作条纹拼木

制作条纹拼木的步骤是：先选料，再拼粘，等木工胶干透后进行裁切。

（1）选料

把木料按照自己想要的搭配顺序和搭配比例摆放好，搭配效果满意后拍照备用，以防木料太多不小心弄乱顺序后找不回一开始的搭配。

上图是选了8种不同木料进行搭配的效果。

（2）拼粘

把已经搭配好的木料按照搭配顺序在每层木料跟木料之间的拼粘面上均匀抹胶，拼接在一起，并用4寸G夹夹紧木料，等木工胶干透才可以进行下一步操作，最好前一天拼接粘好后第二天再进行下一步锯割裁切的操作。

在第一层和第二层木料的拼粘面上抹胶。

抹好胶之后用木棒把胶涂开涂匀。

胶涂匀时的状态——稍微有点厚度的均匀的一层胶。木工胶涂匀到这种状态之后，接下来就可以把前两块木料进行拼粘了。

拼粘第一层黄金檀木方料和第二层桐木书签料。

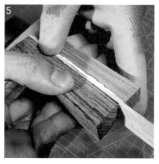

拼粘上第三层绿檀木方料。

拼粘上第四层黑胡桃书签料。

注意　一层一层拼粘木料时要保证有一面最长边长的面是对齐的。对齐拼粘好前两层木料之后用手稍稍用力摁紧拼粘面，让两层木料拼粘得更牢固和稳定。然后在第二层和第三层木料之间的拼粘面上重复前面的抹胶操作，抹好胶后把胶涂匀，拼粘上第三层木料。之后每层木料都重复在拼粘面上抹胶、涂匀和拼粘在一起的操作，直至准备好的木料都按照搭配顺序拼粘完。

拼粘上第五层黄杨木木板料。

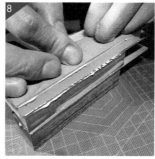

拼粘上第六层榉木书签料。

拼粘上第七层乌木木板料。

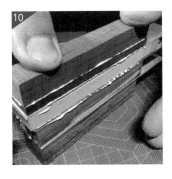

拼粘上第八层紫苏木木方料。 不同角度看到的拼粘好的木料。

注意　拼粘多层木料时要保证有一个大面和一个侧面截面是尽量对齐的，这样操作会节省木料，也为后面裁切取齐木料时减免一些操作。

　　至此，已准备好的8块木料全都拼粘完成。接下来需要用4寸G夹夹紧木料等待木工胶干透后再进行下一步操作。

把比较平整的那面的胶痕用布擦掉，然后平面朝下平放在桌面上。 夹持上第一把4寸G夹。夹紧木料的方法：借助桌子的平面用4寸G夹把木料的一边在平面上先稍稍夹紧。

夹持上第二把4寸G夹。两个4寸G夹都夹上后，再一起调至最紧，以固定住木料。 不同角度看到的用两个4寸G夹夹紧后的拼木木料。两个4寸G夹夹持的位置保证了拼木木料受力均匀。

注意 4寸G夹夹紧后拼木接缝处会溢出木工胶，成胶点状，这种情况属正常，4寸G夹夹紧木料至有很多胶点溢出时才说明4寸G夹夹持得足够紧，这样才保证了拼木木料接缝处的严密性。

用4寸G夹夹好木料后，最好等第二天木工胶干透后再进行锯割裁切的操作。

（3）锯切取平

因为在制作拼木木料时，特别是在平常的家庭操作时，很难保证所用木料都是厚度各异但又宽度、长度一致的材料，既然木料的宽度、长度不同，把木料按照保证有一个平面和一个截面能够取平并拼粘在一起后，另外的两个面必然在长度和厚度上参差不齐，所以需要把这样的拼木木料裁切成规整的板料后才能进行下一步的操作，就是先锯切取平拼木木料后才能进行条纹拼木小鱼的制作。

胶干透摘掉4寸G夹取出拼木木料后从不同角度看到的效果。

用小手锯锯切取平截面。

如果家里有锯面比较宽的锯，可以用来进行锯切取平的操作，因为锯面宽会更容易让锯路平直，这样裁切出来的面才越容易平整。

锯切取平拼木木料截面后的效果。

用小手锯锯切取平拼木木料背面。

换一个夹持角度继续锯切拼木木料背面。建议家里如果有锯面比较宽的锯，比如硬木锯或日式双面锯，可以用来进行此项锯切取平木料的操作。

调整木料的夹持角度以方便锯切操作，直至木料背面锯切出完整的平面，此项锯切取平的操作结束。

锯切取平操作完成的拼木木料在不同角度观看时的效果。

左图是用 120 目砂纸包裹住木块或抛光板把锯切取平过的拼木木料继续打磨平整之后的效果。只需用砂纸打磨平整正反两个完整的大面即可，然后就可以用这块条纹拼木木料制作条纹拼木小鱼风铃了。

2.制作条纹拼木小鱼风铃

制作条纹拼木小鱼风铃分制作条纹拼木小鱼和组装风铃两个步骤进行。

（1）制作条纹拼木小鱼

先构图，构图满意后在条纹拼木木料上画出鱼形，然后用曲线锯锯切取形、什锦木锉修形、砂纸逐层打磨，最后用抛光板抛光。每个步骤具体操作方法的细节可以参考制作拼木小鱼的方法和流程，在这里只详细介绍关于制作条纹拼木小鱼的构图方法，其余步骤的具体操作并不展开，只做简单概括的示意说明。

条纹拼木小鱼的构图方法：先在纸上画出自己想要的鱼形，然后用剪刀剪下小鱼形状，裁剪小鱼形状时主要是保持纸上镂空鱼形的完整，将纸上的镂空鱼形放在条纹拼木木料上构图并取舍自己想要的条纹效果。

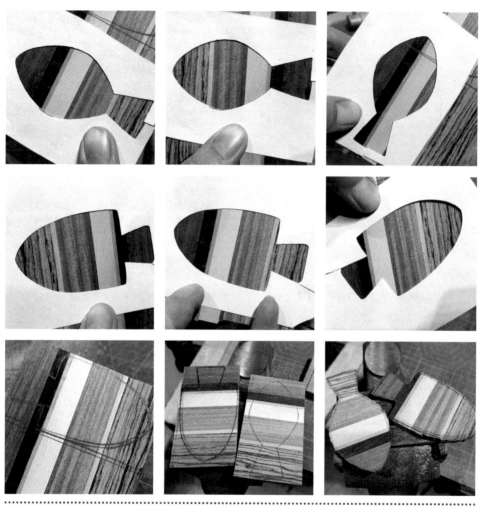

确定好自己的构图方案后，根据镂空的鱼形在条纹拼木木板上直接画下鱼形。然后把想要鱼形的构图方案都画下来后，用曲线锯锯切下小鱼的形状。

完成锯切取形操作的条纹拼木小鱼，经过什锦木锉的修形、砂纸逐层的打磨，最后用抛光板抛光之后，真正好看得不得了的条纹拼木小鱼就制作完成了。在最后上蜡、抛光的表层处理方法上，可以依据个人喜好选择是否上蜡，因为不同木料在经过上蜡处理后颜色会有不同程度的变化。

右图是打磨完成后未经上蜡直接抛光操作完成的条纹拼木小鱼质感效果。

注意

在制作条纹拼木木料时，不一定非要把很多种木料拼粘在一起才行，简单的三五种木料做出的条纹拼木木料同样可以做出好看的作品。

上图为木料种类相对少一些的条纹拼木木料制作示意，以及拼木木料经过构图、在木料上画形和用曲线锯锯切取形的操作。

完成锯切取形操作的条纹拼木小鱼，再经过什锦木锉的修形、砂纸逐层的打磨，最后用抛光板抛光之后，就得到右图中这两条胖乎乎的条纹拼木小鱼了。

（2）组装风铃

先备料，即准备好组装风铃的所有材料和工具。制作完成的条纹拼木小鱼、小一些的羊眼钉（这里用的是长度10mm、钉粗1.2mm的羊眼钉）、与所用羊眼钉的钉粗相同或略细一点的木工钻头、渔线、风铃、一把电钻。

再组装，先在拼木小鱼上打孔安装羊眼钉，再把小鱼和风铃用渔线系上连接起来。

先把拼木小鱼固定在台钳上，鱼头垂直向上，在鱼头上方正中位置用电钻垂直向下打孔。

把羊眼钉拧进刚刚打好的孔内，如果打孔所用钻头的直径是比羊眼钉的钉粗略细，比如羊眼钉钉粗1.2mm、钻头直径是1mm，那么往孔里拧羊眼钉时一定不要用蛮力，防止把钉拧断。

条纹拼木小鱼上安装好羊眼钉的效果。

用渔线把拼木小鱼和风铃系上连接起来，剪掉多余线头后，完成组装。

　　把风铃挂在可以吹到风的地方，听着它清脆悠远的响声，看好看的条纹鱼在风里飘来荡去和转圈圈吧！

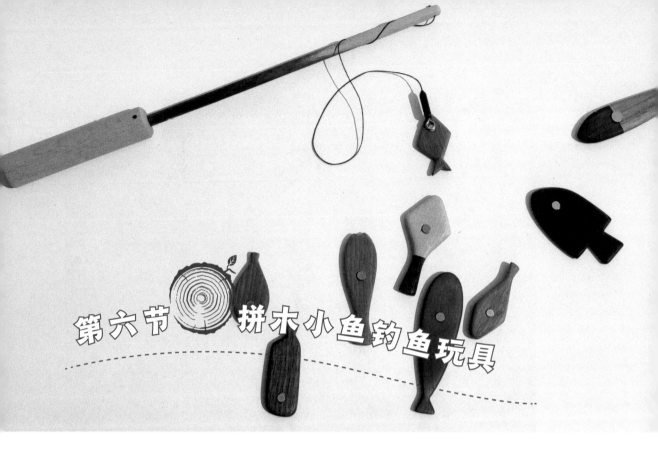

第六节 拼木小鱼钓鱼玩具

制作拼木小鱼钓鱼玩具所需工具和材料

工具

① 制作拼木小鱼的工具：曲线锯、什锦木锉、台钳、四种目数（120目、240目、400目、600目）的木工砂纸，表层处理工具如木蜡油或抛光蜡、棉布、抛光板，以及黏合工具如木工胶或401胶（401胶干的速度更快些）。制作拼木小鱼的工具以及具体用法，可以参考本章第一节的相关内容。

② 制作鱼竿、色子以及给拼木小鱼组装磁铁的工具：电钻、各型号木工钻头、木工小手锯、什锦木锉、401胶。

③ 防护工具：围裙、防割手套、3M口罩（打磨木块时家长及孩子均需佩戴口罩）。

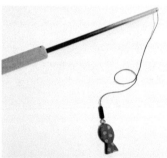

材料

① 制作拼木小鱼的材料：选六种颜色和纹理区别明显一些的木料来互相搭配拼接做成拼木小鱼。这里选的六种木料分别是紫光檀、枫木、樱桃木、红花梨、草花梨、酸枝木，这六种木料仅仅作为参考，大家可以根据方便易行的原则来选择自己所用的木料。

② 制作鱼竿的材料：制作鱼竿手柄的圆棍木料，尺寸以孩子抓握方便、舒适为准，没有统一标准；制作钓竿的圆棍木料，直径1cm左右，长度可长可短，视孩子年龄、身高来定，钓竿越长，线越长，钓鱼的难度就越大。制作钓竿选用的是长度为40cm的圆棍，渔线长度可根据具体需要随时替换；制作鱼钩的圆木棍直径6mm左右，此处所用圆棍的直径尺寸仅仅作为参考。

③ 其它辅助材料：磁铁、羊眼钉、透明渔线或者普通棉线。

制作过程和方法

包括三个内容：一是制作鱼竿，具体操作包括打孔、倒圆、组装；二是给已经做好的木质小鱼组装磁铁；三是关于玩法，包括计时玩法、色子玩法、游戏小教具的玩法等，其中色子玩法会提供所需木质色子的制作方法。

1.制作鱼竿

制作一款操作简单的钓鱼玩具用的鱼竿，包括打孔、倒圆和组装三个步骤。在正式开始这三步操作之前，需要先备好制作鱼竿的木料，包括制作鱼竿手柄的圆棍木料、制作钓竿的圆棍木料和制作鱼钩的圆棍木料。

给鱼竿备料时，所选三种粗度的圆木棍如果外表质地粗糙，可以先用120目粗磨砂纸把木棍的粗糙质感打磨处理一下，打磨到木棍表面摸上去不扎手也较光滑的程度就可以了，如

果需要更细腻的手感可以继续用240目、400目和600目砂纸逐层打磨一下。把打磨处理好的木棍逐个固定在台钳上,用木工小手锯锯切木棍,把木棍截取成自己需要的长度,三种粗度的木棍都锯切完成,获得自己想要的长度后,备料工作完成。

(1)打孔

分别在三个木棍需要打孔的位置打孔:首先是鱼竿手柄上连接钓竿的地方需要打孔,用以组装钓竿;其次是钓竿末端连接和组装渔线的地方需要打孔;最后是制作鱼钩的小木棍两端都需要打孔,一端需要打孔连接渔线用,另一端需要打孔组装羊眼钉用。

将手柄木棍垂直固定在台钳上,先倾斜钻头用钻头尖端在要开孔的正中心位置定位。

定好开孔位置后,垂直打孔。

打孔深度在1cm左右就可以。

在钓竿上需要打孔的位置先用钻头倾斜定位。

定好打孔位置后,钻头垂直向下打孔。

在制作鱼钩的木棍上打孔。也是先把木棍垂直固定在台钳上,用钻头倾斜定位再垂直打孔。

注意

此处打孔所用钻头的粗度要跟你所用作渔线的线材粗度相匹配。

注意

这个用来组装渔线的孔要打成通孔,就是要用钻头把木棍打透。

注意

选和羊眼钉的螺丝直径相符的木工钻头打孔,打孔深度足够拧进羊眼钉就可以。

三根圆木棍完成打孔操作的
效果。

（2）倒圆

用台钳固定手柄木棍进行倒圆。

用台钳固定钓竿木棍进行倒圆。

用台钳固定鱼钩木棍进行倒圆。

倒圆木棍两端边棱后用120目
砂纸稍加打磨后的效果。

注意　用木锉倒圆完成后，需要用120目砂纸打磨处理掉木锉倒圆时留下的粗
　　　糙锉齿痕迹。

（3）组装

鱼竿的组装，是需要先组装连接鱼竿的手柄和钓竿，再组装木质鱼钩，最后用
渔线将钓竿跟鱼钩连接起来。

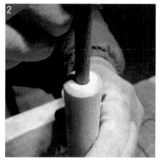

往手柄跟钓竿的连接孔里加少量、适量胶。

将钓竿插入手柄孔内粘牢，如果孔内加胶太多，此时会溢出很多胶，处理胶痕会比较麻烦，所以前一步需要加少量、适量胶。

在钓竿跟手柄的连接处打一个木销子的定位孔。

注意 木销子定位孔的位置，一定是钓竿跟手柄有拼插交叠的地方，这样钻头打进去才能同时打通这两根木棍，木销子插进去才能让这两根木棍连接得更稳固结实。木销子用的是直径3mm的圆棍，所以此处打孔用的也是直径3mm的木工钻头。

电钻垂直打孔，打孔深度足够打通两个木棍就可以。

往孔内加少量、适量胶。

往孔内插入与所打孔直径一致的圆木棍。

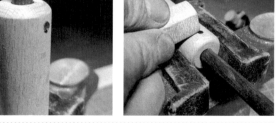

调整台钳夹持材料的方向，锯切掉木销子处多余圆木棍。

锯切掉多余圆木棍后用砂纸磨平锯切口毛茬。

至此，鱼竿的手柄跟钓竿的连接就组装完成了，下面是木质鱼钩的组装。

 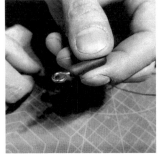

在作为鱼钩所用木棍的一端拧入羊眼钉。

在鱼钩木棍另一端孔内加胶，准备连接渔线。

 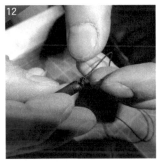 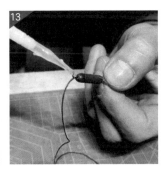

把渔线一端插入已经加好胶的连接鱼钩的孔内。

渔线粘牢后在紧贴鱼钩木棍端的连接处系一个线节。

在系好的线节和木头连接处加少量胶，进一步加固渔线跟鱼钩的连接。

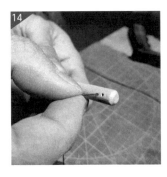 

将渔线一端插入鱼竿一端打好的孔内。

渔线插入孔内后，在线的末端打节并剪去多余的线头。

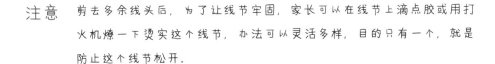

注意　剪去多余线头后，为了让线节牢固，家长可以在线节上滴点胶或用打火机燎一下烫实这个线节，办法可以灵活多样，目的只有一个，就是防止这个线节松开。

做鱼竿所用的渔线不一定就非得用真正的透明渔线，所用线材可以根据喜好随意搭配，这里用的是纯黑色的九股锦纶线。

鱼竿的手柄、钓竿和木质鱼钩都组装连接起来之后，鱼竿就制作完成了，接下来演示钓鱼玩具里的木质小鱼是如何完成组装的。

2.给木质小鱼组装磁铁

在将木质小鱼组装成可以钓起来的鱼之前，必须先制作出几条普通木质小鱼或者拼木小鱼，制作的方法可以参考本章第一节中拼木小鱼的制作方法，制作木质小

鱼的数量尽可能多一些，这样钓鱼游戏的玩法才更丰富和充分。给木质小鱼组装磁铁在这里会分两种情况来演示：一种是在鱼嘴的位置组装磁铁，另一种是在小鱼眼睛的位置组装磁铁。两种情况各有利弊，在制作时可以自行选择一种方式来完成磁铁的组装。

（1）在鱼嘴的位置组装磁铁

在木质小鱼嘴部位置打孔。先把木质小鱼的鱼嘴方向朝上固定在台钳上，用钻头倾斜定位后，再垂直钻头方向向下打孔。　　往打好的孔里加入少量的胶。

注意　需选择跟组装进鱼嘴的磁铁直径相同的钻头打孔，打孔深度小于或等于磁铁的高度.

借助铁钉之类的辅助工具吸起小圆柱磁铁，并将磁铁摁进已经加好胶的孔里。因为小圆柱磁铁体量太小，用手捏更不容易对准并组装进孔里，所以要借助铁钉之类的铁质辅助工具吸住磁铁装入鱼嘴的孔内。

将磁铁摁实后等胶干，磁铁外缘要跟鱼嘴高度齐平或者略高于鱼嘴的位置，这样有助于钓鱼时磁铁被吸附。

在鱼嘴位置上组装磁铁的好处是磁铁藏得比较隐蔽，几乎看不到磁铁的痕迹；缺点是这个位置打孔粗度比较受限，组装只能用小圆柱磁铁，比如这里用的是直径和高度都是3mm的小圆柱磁铁，因为这种磁铁体量比较小，但没有圆片磁铁吸力大。

（2）在鱼眼的位置组装磁铁

这个位置组装磁铁的好处是打孔的直径不那么受限，所以可以根据小鱼的尺寸大小，选择直径在6～10mm的圆片磁铁进行组装，这样的磁铁吸力非常大，钓鱼时更容易被吸附住，但缺点是磁铁露在外面不是太好看。

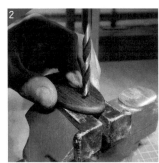

在要组装磁铁的位置画线定位。

选跟圆片磁铁直径相同的钻头在定位好的鱼眼位置垂直打孔。

往孔内加入少量的胶，准备把磁铁组装进孔内。

磁铁装入孔内摁实，磁铁外缘最好略高于鱼身或与鱼身齐平。

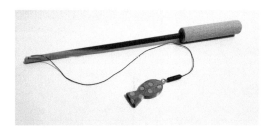

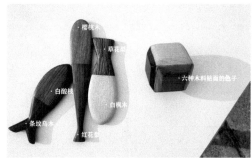

·樱桃木
·草花梨
·六种木料贴面的色子
·白酸枝
·白枫木
·条纹乌木
·红花梨

胶干透、磁铁彻底粘牢后，组装完成。木质小鱼要多做一些才更好玩，所有木质小鱼的磁铁都完成组装后，试着用木质鱼钩上的羊眼钉吸附小鱼上的磁铁，开始钓鱼吧。

3.玩法

这里有几种玩法仅供参考，一种是计时或色子的玩法，一种是游戏小教具的玩法。

（1）计时玩法或色子玩法

这是一种更适合六岁以内孩子的玩法。我用六种颜色和纹理区别比较明显的木料进行不同的拼木搭配，做了二三十条拼木小鱼，也混入了一些单色小鱼，又用这六种木料做了一个木质的色子，色子的六个面分别对应用到了这六种制作拼木小鱼的木料。

玩游戏的时候可以是多人玩，也可以是单人或双人玩；可以通过沙漏计时的方式玩，也可以靠色子增加难度。比如参与游戏的孩子可以轮流用色子骰出一种木料，按色子指示出的木料钓鱼，只能钓身上包含这种被骰出的木料的鱼，这需要学会细心专注地对应与辨认六种不同的木料。

下面演示有六种木料贴面的色子的做法。

首先准备好制作拼木小鱼所用的六种木料，最好是薄板木料，如果木料太厚可以用锯切割成薄板后再用。因为色子有六个面，所以这里用了六种不同的木料制作色子和制作拼木小鱼。如果你手里的材料有限，比如只有三四种木料，也同样可以只用现有的三四种木料制作拼木小鱼并做出色子来。三种木料的话就是每种木料在

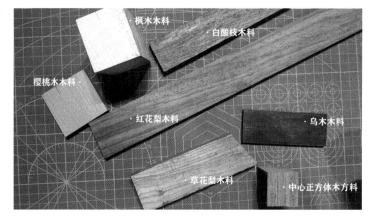

·枫木木料
·白酸枝木料
·樱桃木木料
·红花梨木料
·乌木木料
·草花梨木料
·中心正方体木方料

色子上出现两次，四种木料的话就是有两种木料会重复出现一次，这都不妨碍色子的制作和玩法。

这个色子的制作原理非常简单，就是用锯在随便一种木料上锯切下一块尽量是正方体的木块，然后按这个正方体每个面的尺寸把六种木料锯切成六块正方形薄木片，分别用胶粘贴在正方体木块的六个面上，最后倒圆正方体的棱角和打磨处理一下就可以了。

选一种木料，依据正方体木块的一个面在木料上画线定位出要锯切下来的正方形。

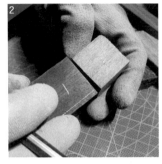

画出第一块木料要锯切的正方形后，对应好正方体木块上的那个面，标注出数字防止混淆。因为很难保证我们锯切出来的作为中心木块的正方体尺寸非常标准，所以要每画出一个面最好都对应标注好数字，防止后面拼粘六片木料贴面时因边长不一致而粘贴不齐。

把第一片木料固定在台钳上，用木工小手锯沿所画正方形边线锯切出第一片正方形木料贴面。

根据中心木块剩下的五个面，分别画出剩下的五种木料的正方形贴面，并对应正方体木块的相应面标注好数字。

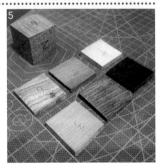

六种木料的正方形贴面按照所画正方形边线全部锯切完成。

　　锯切完成后，接下来就是对应好所标记的数字，把六片正方形木料贴面用胶粘贴在中心正方体木块对应的六个面上。

根据所标记的顺序在中心正方体木块的第一个面上抹胶，并对齐粘贴好第一片木料贴面。

六片正方形木料贴面全部按标记顺序粘贴完成后各个角度的效果。

　　六个面的木料贴面都粘贴好稍等胶干透后，就可以用黄金锉对这个色子的边棱进行倒圆处理了。

用台钳固定住色子，并用黄金锉倒圆边棱。

色子的一个边倒圆完成后，调整台钳的夹持角度继续倒圆其余边棱。

色子的所有边棱都倒圆完成的效果。

用 120 目砂纸包裹抛光板打磨处理色子表面。如果喜欢更细腻的质感,可以继续用 240 目、400 目、600 目砂纸对木质色子表面所有地方进行逐层打磨。

用砂纸逐层打磨完成后,色子六个面的六种木料贴面的最终效果。

（2）游戏小教具的玩法

关于游戏小教具的玩法,其实可以通过孩子不同的认知阶段开发出很多不同的玩法。比如,我的孩子最近在学习自然拼读,我们每隔几天一起把新学到的字母或单词写在空白标签上并贴在小鱼身上,玩钓字母鱼或单词鱼的钓鱼游戏。我们互相变换着角色玩,比如,我来说字母他来钓鱼,下一轮他说字母我来钓鱼,还可以邀请爸爸加入发出指令,我跟孩子每人一根鱼竿,听到字母指令后看谁能先钓上那条字母鱼,我的孩子在更小一些的时候还不能接受这样的竞赛型的玩法,那也没关系,规则都是人定的,让孩子多参与游戏规则的制定,要通过游戏跟孩子建立有效的沟通和连接,灵活调整游戏方案。

目前这个阶段字母可以是这个玩法,等学习认汉字的时候也可以好好想一想怎么把这个游戏小教具用得好玩起来。

等到孩子更大一些,钓鱼玩具的玩法就算想尽办法也不能再发挥它的效用的时候,对于亲手做出的这些拼木小鱼,可以参考本章讲解的内容,把它们改造成拼木小鱼冰箱贴、胸针、发夹或风铃之类的实用小物件。像拼木小鱼这种亲手制作出来的充满感情的小物件,就应该让它们有物尽其用绝不浪费的待遇。

第三章

综合运用工具和材料玩木工
——可以这样玩造型

制作一个属于自己的机器人，制作一只小恐龙，制作木质的小房子，本章的三个小节都是适合发挥孩子创造力的内容：每个孩子制作出来的机器人都会不一样，还都会跟制作出它的那个孩子在气质上很像；制作小恐龙也不只是在于传授孩子怎样做出一只一模一样的小恐龙，而是传授孩子通过这种方法可以制作各种各样他想象得到的别的任何动物的经验；制作木质小房子，如果前期备料时家长合作的基础打得好，那么关于那些不规则小木块的玩法，就可以是充满诗意的建造之梦实现的时刻。

工具方面将会综合地运用到前两章中介绍使用的几种常用工具，并练习锯、锉、打磨、打孔、组装等常用木工操作。本章中涉及的造型是否做得尽兴尽意，真的需要家长和孩子的绝妙合作。

第一节 制作一个机器人

　　小小木块，各式各样零件，玩着玩着就制作出一个机器人。玩，是孩子天性里最擅长的部分；玩，是孩子跟这个世界也是跟自己、跟他人相处的主要方式。

　　经由孩子们玩出来的那些机器人作品，每个都是那么不一样，每个作品都和制作出它的那个孩子很像。当我发现这个小秘密的时候，两者精、气、神的契合度之高，让我惊讶之余真的心生欣慰，因为那是一种弥足珍贵的好状态。

　　孩子的喜好、孩子的特质，或机警或温暖或神情间略存一丝忧郁，或放松或清净或行为中带有些许热烈，居然通过做一件木工作品这短短两三个小时的相处置换，跑进了一个个小机器人的身体里。这足以说明某些时刻孩子专注的纯粹程度非常高，精、气、神才会不经意间流露，也足以说明短短几个小时里有高质量的陪伴，精、气、神才能够被敏锐捕捉和恰当表达。

　　来工作室制作机器人的家长和孩子基本都是第一次接触木工、第一次使用木工工具、第一次完成一件木工作品，然而却创造出了这么多意想不到的作品。

　　下面我们就看看怎样在正确使用工具和明确制作方法的情况下，做出独一无二的属于自己的机器人。

制作木质机器人所需的工具及材料

工具

　　需要综合运用各种木工工具。

　　固定木料的工具：台钳（但凡用到锯和黄金锉以及电钻的工作环节都需要用台钳来固定木块）。

　　取形工具：小手锯。

　　修形工具：黄金锉。

打磨工具：（120目、240目、400目、600目）木工砂纸。

表层处理工具：木蜡油或抛光蜡、棉布、抛光板。

组装工具：手电钻、各种型号钻头、螺丝刀、尖嘴钳、木工胶（做机器人一般用401胶）。

防护工具：3M口罩（打磨木块时家长及孩子均需佩戴口罩）、围裙以及防割手套。

材料

① 木料：木料的种类可繁可简，木料尺寸没有具体要求，以自己的手工工具方便操作为准。木料来源为网上购买各种红木边角料，或家里现成可用的各种木块边角料，又或者家里装修时剩余的各种木龙骨边角料。

② 各种螺丝、螺母、铁钉、垫片等金属配件或塑料配件，以及可以吊足孩子胃口、引起孩子想象力的各种各样的零配件或综合材料。

制作流程及方法

这里以两块木块做机器人的基本型为例。

机器人头需要一块木块，身体需要一块木块，如果孩子在木块数量上有别的想法和建议，可以根据具体情况具体方案来确定。木块的形状以及大小，可以由家长、孩子一起商量，依据孩子年龄大小以及动手能力的具体情况，家长可以鼓励孩子单独完成锯切两块木块的任务，或者根据情况家长锯出一块木头鼓励孩子单独锯下另一块木头。对于太小的孩子，家长最好辅助完成，孩子重在参与。

制作机器人有以下三个步骤。

步骤一：取形修形。锯切取形得到两块木头，再用黄金锉修形。

步骤二：打磨和上蜡、抛光。用砂纸从低目数到高目数逐层打磨，用棉布将木块表面擦一层木蜡油，用抛光板对木块进行表面抛光。

步骤三：完成组装。选取自己喜欢的各种零配件对机器人进行四肢和头面装饰，然后打孔组装所选机器人头和身体的各种零配件。

在这里，以一对机器人兄妹为例来演示木质机器人的制作流程及方法。上图右从左至右分别代表了制作木质机器人的三个阶段。

取形修形的基本成型阶段，打磨和上蜡、抛光的表层处理，完成组装。

下面具体演示制作机器人的三个步骤。

1.取形修形

（1）取形

先选料：根据备好的木料跟孩子商量机器人头和身体的颜色搭配，选取两块颜色合适、纹理满意的木料做机器人头和身体。

再取形：选完料后，跟孩子一起决定机器人头和身体的大小以及形状，然后用台钳固定木料，分别用锯锯切出两块形状和大小基本满意的木块作为机器人头和身体的基本型。

锯切制作机器人头所用木块。

锯切制作机器人身体所用木块。

锯切下来的两块木头表面有锯痕、不平整的质感效果。

（2）修形

先修平：用台钳固定木块，再用黄金锉的平面分别把两块木块各自的六个面修理平整。这也是进一步把机器人头和身体修成自己更满意的形状和大小的过程，所以需要有意识主动地控制手里的工具完成自己的意愿。

用黄金锉的平面分别修平木块六个面。

上图右是经黄金锉修平操作之前和之后的效果对比图。其中，左边两个木块是锯切完成后还未经黄金锉修平处理的效果，右边两个木块是表面经黄金锉修平之后的效果。

再倒圆：用台钳固定木块，分别用黄金锉把木块的边和角进行修形倒圆。木块边和角倒圆的程度依个人喜好而定，就是木块边角用锉修的弧度是更大更圆润一些还是方一些硬朗一些因人而异。

用黄金锉倒圆机器人头部木块。

用黄金锉倒圆机器人身体木块。

机器人妹妹边角修形倒圆后的效果。跟机器人哥哥比较方直的木块边角相比，此处把这款机器人妹妹木块的边角弧度处理得更圆润了一些。

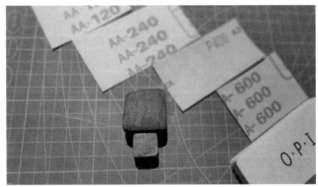

2.打磨和上蜡、抛光

（1）打磨

按照120目、240目、400目、600目砂纸和抛光板的磨砂面抛光式打磨的顺序逐层打磨。

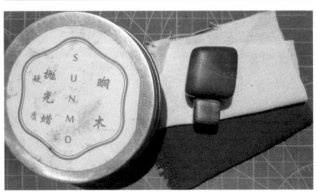

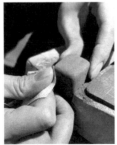

机器人头部木块和机器人身体木块打磨平面和打磨边角时的操作方法的示意。

木块经 120 目砂纸粗磨成型的效果。120 目砂纸粗磨完成之后，再分别对两块木块进行 240 目、400 目和 600 目砂纸的打磨。

用 600 目砂纸精磨完成时的效果。

600 目砂纸的打磨操作完成之后，用抛光板磨砂面对两块木块的所有面、边和角进行抛光式打磨，打磨完成后，木块表面光滑，手感细腻。至此，打磨步骤的操作全部完成。当然，600 目精磨砂纸打磨后木块已经很光滑，如果不愿意进行后面的抛光式打磨和上蜡、抛光的操作，止于 600 目砂纸精磨这步进行组装也是非常好的。

（2）上蜡、抛光

用一块棉布蘸取适量木蜡油，均匀涂抹在两块木块表面。木蜡油涂抹均匀后，再用一块干净的棉布把木块表面多余的蜡擦掉，上蜡的操作完成。上蜡后的木块颜色变深，木纹纹理变得清晰。上蜡完成后，接下来是用抛光板的白色抛光面分别对两块木块表面进行抛光。

用抛光板的白色抛光面对木块抛光后的效果——木块表面有光泽。

两块木块最终抛光完成的效果。

3.完成组装

机器人的组装可以分三个步骤来完成：一是组装头部构件，二是组装身体构件，三是连接机器人的头和身体。

下面进行具体的组装演示。

右图是把孩子选好的所有配件和打磨、抛光好的两块木块构件，以及组装需要的各种工具、材料放在一起预备组装。

（1）组装所有头部构件

选好所需面部配件。

为机器人的嘴和眼睛选好需要进行打孔组装的配件，最终选用了两个小羊眼钉来固定机器人的嘴和左眼。

面部的金属配件确定后，如需木质构件，先补齐所需木质构件后再一起进行组装，接下来需要先补做一个机器人的木质眼珠。

和
孩
子
一
起
玩
木
工

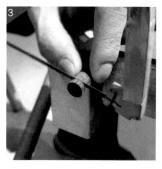

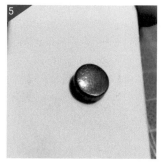

选合适粗度的木棍固定在台钳上，用锯锯切下合适厚度的圆片作为眼珠。

需要对锯切下的圆片稍做打磨、抛光处理，只要木片截面足够平整，仅用600目砂纸打磨即可，最后分别用抛光板的磨砂面和白色抛光面稍做抛光处理。

稍做抛光处理后木质眼珠制作完成的最终效果。

头部所需木质构件补做完成后，下面正式开始定位、打孔和组装。

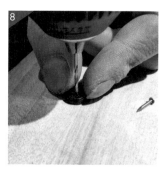

把机器人头部木块固定在台钳上，跟孩子确认并摆放好眼睛和嘴的配件位置后定位打孔。

定好打孔位置后，拿掉配件，选跟要拧进孔里的小羊眼钉或钉子粗度一致的钻头打孔。

给木质眼珠打孔。木质眼珠的打孔需要打一个通孔，就是要用钻头把木头打穿打透，要选择与需要钉进木质眼珠的铜钉粗度相同的钻头打这个通孔。孔都打好后下面开始组装配件。

注意

定位的方法可以用笔画出需要打孔的位置，也可以直接用电钻稍微钻出点痕迹给需要打孔的位置定位。

注意

打孔时手握电钻以保持垂直于木块的角度打孔。

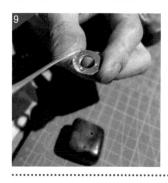

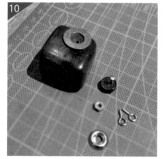

组装机器人右眼木质眼珠下面的黄铜垫片。先在黄铜垫片背面点上少量胶，再把垫片粘贴在定好了的位置上。

机器人右眼的黄铜垫片大眼圈组装好的效果。

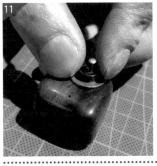  

安装机器人右眼木质眼珠。先在木质眼珠跟黄铜垫片的接触面上抹少量胶，把木质眼珠粘在黄铜垫片上定好的位置上，再把铜钉钉进孔内，右眼组装完成。

右眼组装完成后定位组装左眼金属配件。

  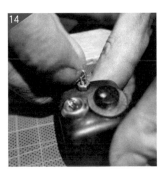

放好左眼金属配件位置后，往已经打好的孔内点进少量胶，然后拧进事先搭配好的小羊眼钉，左眼组装完毕。

用同样的方法组装好机器人嘴巴。放好嘴巴处的零件后，孔内加胶，拧进小羊眼钉，嘴巴组装完成。

注意　左眼是靠小羊眼钉锁住了这个金属圆片，所以这个金属片本身不用胶粘，也就是机器人左眼是可以转动的。拧进小羊眼钉时切忌用蛮力，钉太细容易拧断。

机器人的面部零件组装完成后，接下来组装机器人头顶的元宝螺丝，需要打孔。

  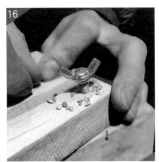

用游标卡尺量取要组装进机器人头顶的元宝螺丝的粗度，并选出跟它粗度一致的木工钻头打孔组装。

没有游标卡尺的情况下，先靠目测选出跟螺丝粗度相似的钻头，再另取一块没用的木头打孔拧进螺丝，试一试所选钻头粗度是否合适。

选好合适钻头后在机器人头顶定好位置垂直打孔。	分别用抛光板的磨砂面和白色抛光面，稍打磨、抛光处理一下新孔边缘的木料毛茬等粗糙痕迹。	孔内加胶后拧进元宝螺丝，拧到最后注意调整好螺丝面向的角度，头部构件全部组装完成。

（2）组装所有身体构件

以这个机器人妹妹为例，组装所有身体构件，包括组装腿和组装胳膊两项内容。

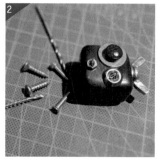

摆好机器人头和身体的位置后，跟孩子确定好四肢的位置和动态，组装四肢时打孔的角度需要根据四肢的动态来操作。	分别选出组装机器人腿和胳膊打孔要用到的木工钻头。选择合适粗度的木工钻头打孔还是根据之前的原则，如果没有游标卡尺，就找块木头以目测的方式选合适粗度的钻头打孔，拧上相应的胳膊或腿的螺丝一试便知粗细松紧合不合适。	组装好机器人的双腿后再次摆一下机器人胳膊的动态，确认胳膊跟身体的角度关系后，准备打孔组装。

注意　在找不到粗细程度完全严丝合缝的钻头时，一般建议孔打得稍松比稍紧好用，这个原则在其它组装打孔的操作时通用，因为孔打得稍稍大一点、松一点时，可以靠孔内加胶来弥补，如果孔打得稍小、稍紧的话，要拧入的螺丝或小羊眼钉太细就容易拧断，而螺丝或钉太粗而孔又稍小、稍紧时，则容易把木头拧裂。

下面先演示机器人腿的组装，再演示胳膊的组装。

给机器人的螺丝腿要打孔的位置定位，用锤子敲一下螺丝，在要打孔的位置留下标记。

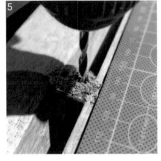

在定位的两个标记点垂直打孔。

注意

孔不要打得太深，不能打穿木头，一定要垂直打孔，否则孔打歪了，组装上螺丝腿后，机器人也站不住。

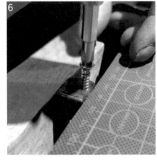

在打好孔的位置拧进螺丝。

注意

要给机器人的螺丝腿留出合适的长度，不需要把螺丝全都拧进去。两个螺丝拧进后调整两个螺丝至同样的长度，让机器人可以站立。

接下来就要组装机器人的胳膊了。

确定好胳膊动态的倾斜角度后，把木块固定在台钳上按动态角度倾斜打孔。

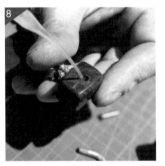

两个胳膊的组装孔打好之后，孔内加胶，拧进做胳膊用的螺丝，预留出胳膊长度。

一双腿和两个胳膊都组装完成后，机器人身体的配件全部组装完成。

（3）连接机器人的头和身体

这个步骤的难点在于连接机器人的头和身体完成组装时，需要先找准重心，然后打孔组装，这样机器人才能站得住。

准备打孔连接机器人的头和身体之前，先把头放在身体上找到能让机器人站立并保持平衡的头和身体的位置关系。

在已经找好的能保持机器人站立平衡的、身体跟头连接面的差不多正中位置，分别打孔准备加木销子。

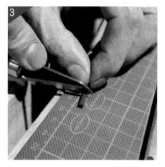

找一根细的圆木棍制作木销子。木销子用的是直径 3mm 的圆棍，所以在机器人头和身体的连接处打孔选的是直径 3mm 的钻头，还有木销子直接用刀切或固定在台钳上用锯锯切一小段就可以，尺寸不用太长。

在机器人身体跟头连接处的孔内加胶，插进木销子。

孔内加胶插进木销子连接机器人的头和身体，组装完成。

机器人组装完成后可以通过调节腿部螺丝让机器人获得平衡，能够独自站立。

注意 这最后一个步骤，机器人头部的连接孔内也可以不加胶，机器人的脑袋只是插在木销子上，机器人头也是可以活动的。

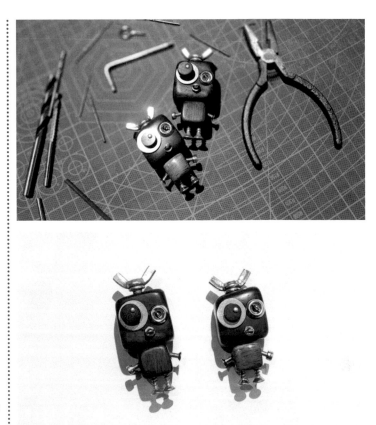

组装完成的机器人妹妹
示意图

机器人哥哥的组装同理。

选取零件搭配组装是孩子们最擅长、所有参与者最期待的环节之一，需要注意的有两点。

一是要善于听取接纳孩子的意见，遵从他们的选择。

二是孩子们搭配好的样子一定要摆好并拍照记录下来，然后再打散开始逐步组装，以方便一边组装一边参考他们最初的那些关于机器人动态和表情的小意思、小味道。

在我的工作室举办的历次木工活动中，很多家长朋友很喜欢这个制作机器人的木工活动。

上图右中这两个机器人是由两个年龄偏小大约四岁的孩子跟家长合作的作品，看得出来，人虽小，作品的力量和气势却很足。

右面照片中这个孩子回到家晚上睡觉都是抱着自己的机器人睡着的。孩子跟自己作品的这种情感，是在每个制作环节都亲力亲为的参与中、在操作每种工具的不适与愉悦中、在逐层砂纸打磨带来的木头质感层次丰富的触摸经验中、在与成品见面时挥之不去的成就感和满足感带来的神奇魔力中酝酿和发酵

起来的，孩子与作品之间的情感就是这样慢慢变得越发真实可靠的。

每个作品都有特殊的气质，蕴含着孩子们自己的想法。虽然没有一一展现，但透过一个个机器人作品，我们可以感受到那一个个孩子富有创造力的独特想法。

第二节 制作一只小恐龙

制作木质小恐龙所需的工具及材料

工具

　　固定木料的工具：台钳。

　　取形工具：木工小手锯。

　　修形工具：黄金锉、什锦木锉。

　　打磨工具：（120目、240目、400目、600目）木工砂纸。

　　表层处理工具：木蜡油或抛光蜡、棉布、抛光板。

　　组装工具：手电钻、各种型号木工钻头、螺丝刀、尖嘴钳、木工胶或401胶。

　　防护工具：围裙、防割手套、3M口罩（打磨木块时家长及孩子均需佩戴口罩）。

材料

　　① 木料：木料的种类可繁可简，木料尺寸没有具体要求，以自己的手工工具方便操作为准。木料来源为网上购买各种红木边角料，或家里现成可用的各种木块边角料。

　　② 各种大头钉、螺丝、螺母等金属配件。

制作流程及方法

步骤一：备料。这属于确定方案阶段，构思你跟孩子想做一只什么样的恐龙或者其它的小动物。如果做一只恐龙，就要构思这只恐龙的外形特征以及需要具体做出哪些身体部位。从准备的木料里挑选觉得适合做恐龙的相应身体部位的木料，或者鼓励孩子画出要做的恐龙或其它什么动物，再一起商量着挑选合适的木料。挑选合适的木料具体指的就是根据个人喜好挑选合适的颜色、纹理、形状、大小，以进行下一步操作。

步骤二：取形修形。用木工锯把挑选好的木料锯切成自己满意的形状和大小，再用黄金锉修形，进一步修整成自己想要的样子。进行这一步骤的操作时，依据孩子年龄大小以及动手能力的具体情况，简单的取形任务比如改变木料的长短或大小这样的任务，家长可以根据孩子状态鼓励孩子单独完成操作；如果涉及用锯切割改变木块的形状等稍复杂的操作，家长最好亲自操作，或跟孩子合作辅助孩子完成，孩子重在参与，有时候他在旁边看着你怎么做也是一种学习。

步骤三：打磨、抛光。把已经修好形的做恐龙或小动物用的所有木质构件，分别进行各目数砂纸的逐层打磨，然后用棉布将所有木质构件表面擦一层木蜡油，再用抛光板对所有木质构件进行表面抛光。

步骤四：完成组装。把构成恐龙或别的小动物身体各个部位的构件进行打孔组装，也可以选一些喜欢的金属配件搭配组装。

制作一只木质小恐龙可以把上述步骤二、步骤三合并为一个步骤。

1.备料切割

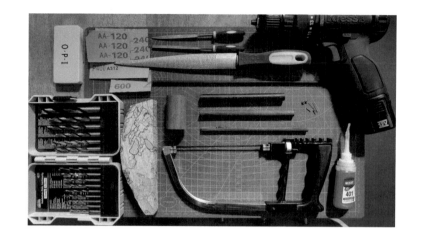

　　首先准备好制作木质小恐龙所需的所有工具和材料，然后根据自己的方案选合适的木料，或者根据自己手里现有的木料来构思方案。以要制作的这个木质小恐龙为例，这次制作属于先有了方案再通过方案去选合适的木料。之前做过一个木质的小恐龙：长着三角龙的头，头盾上有两个大大的额角和长长的鼻角；身上长了剑龙家族的大肩棘，就是肩膀上长了两根威风的大尖刺一样的骨板；还长了甲龙家族的装甲，就是背上长了一排排甲片和骨刺。

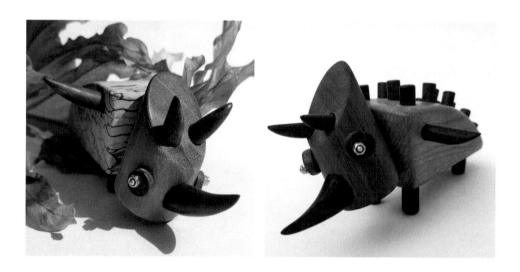

　　这次可以做一只没有装甲的恐龙，选了一块枫木的渍纹木制作恐龙的身体，让好看的纹理代替满背的骨刺装甲，选了一截直径3cm的黑胡桃圆棍木料制作恐龙的头盾，选了直径1cm的紫光檀圆棍木料用来做恐龙的鼻角，又选了另外三种不同粗度的圆棍木料做恐龙的一对额角、一对肩棘和四条腿。以上仅是我们选料时的一些考虑和取舍，大家可以根据自己的喜好选择木料。木料都选好后就可以开始制作了。

在准备好的木料上画出所需的恐龙身体和头的形状。

用木工锯沿所画轮廓线把恐龙头和身体的形状锯切下来，并用黄金锉修平锯痕。

注意 锯切木料时一定要先把木料固定到台钳上。

恐龙的头和身体锯切完成后，从准备好的不同粗度的圆棍木料上分别锯切下自己需要的长度，用来制作恐龙的一只鼻角、两个额角、一双眼睛、一对肩棘、四条腿以及一截连接头和身体用的木销子。

制作木质小恐龙各身体部位所需木料都锯切完成。

至此，备料切割的步骤完成。

2.修形打磨

先把切割好的身体各部位的构件木料，用黄金锉或什锦木锉进行修形，修形满意后，再分别用120目、240目、400目、600目砂纸和抛光板的磨砂面进行逐层打磨。

（1）修形

在木质小恐龙的制作过程中，恐龙鼻角的制作相对来说是最复杂的，所以接下来对恐龙鼻角的修形操作进行详细演示。

在备料切割时，先锯切下做恐龙鼻角所需的木料。

在备好的鼻角木料上先画出鼻角的形状，然后用台钳固定好木料，再用黄金锉的圆弧面根据所画形状修出鼻角往上弯曲的上弧面的弧度。

恐龙鼻角向上弯曲的上弧面沿所画弧度修形完成的效果。

上弧面的弧度修出来之后，就重新调整台钳夹持木料的角度，用小手锯沿所画弧线把恐龙鼻角的下弧面弧度锯切出来。

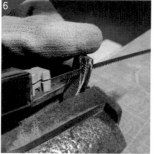

鼻角的下弧面锯切完成后，重新在上弧面上画出鼻角两侧的弧度，画好后重新用台钳固定好木料。

用小手锯沿所画弧线锯切出恐龙鼻角雏形。

锯切出恐龙鼻角的大概形状后，用什锦木锉的半圆锉从各个角度把鼻角倒圆。

恐龙鼻角修形倒圆操作完成的效果。

接下来是恐龙头盾上的额角和肩膀上的肩棘修形倒圆的操作。

先在木料上画出额角或肩棘的弧度、形状。

台钳固定好木料后，用小手锯沿所画弧线锯切出额角或肩棘雏形。

锯切出额角雏形后用什锦木锉进行倒圆。

锯切出肩棘的雏形后用什锦木锉进行倒圆。

恐龙额角和肩棘修形倒圆操作完成的效果。

　　然后是对恐龙四条腿进行修形倒圆的操作。用来制作恐龙腿的木料，与恐龙身体组装连接的一端只需要进行修平处理即可，另一端作为恐龙脚则需要稍微倒圆处理一下。

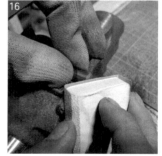

恐龙的四条腿锯切完成的质感。

用120目砂纸包裹住抛光板，对木料一端进行修平处理。

用120目砂纸包裹住抛光板，对木料另一端进行倒圆处理。

恐龙的四条腿修形倒圆操作完成的效果。

接下来是对恐龙的眼睛进行修形倒圆的操作。连接恐龙头和身体的木销子只需要稍微打磨掉两个截面的木茬就可以。

  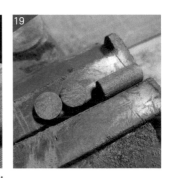

把120目砂纸平铺在桌子上，先给恐龙的眼睛和木销子修平截面再倒圆边缘。

恐龙眼睛和木销子修形倒圆完成的效果。

其中连接恐龙头和身体的木销子因为是藏在内部的结构，只需要修平截面就可以了，不需要进行倒圆。

最后对恐龙的头和身体木块进行修形和倒圆操作。

用120目砂纸包裹住抛光板对恐龙的身体木块所有边角进行倒圆操作。

用120目砂纸包裹住抛光板对恐龙头盾木块所有边棱进行倒圆操作。

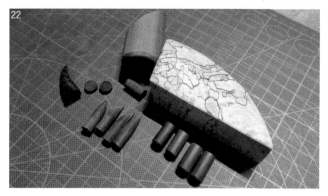

对恐龙的各个身体构件进行修形倒圆操作完成后的效果。

（2）打磨

　　恐龙的各个身体构件修形倒圆操作完成后，再分别用120目、240目、400目、600目砂纸和抛光板的磨砂面进行逐层打磨处理。

用120目砂纸包裹切下的一小条抛光板对恐龙的鼻角进行粗磨打磨处理。恐龙其它的比较小块一些的身体构件的打磨方法同理进行，较大块的身体构件比如恐龙的头和身体，要用砂纸包裹整块抛光板进行比较大面积的打磨操作。

恐龙的鼻角经各目数砂纸逐层打磨完成后的效果。

恐龙的头和身体经各目数砂纸逐层打磨完成后的效果。

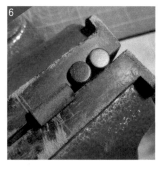

恐龙的额角和肩棘经各目数砂纸逐层打磨完成后的效果。

恐龙的四条腿经各目数砂纸逐层打磨完成后的效果。

恐龙的眼睛经各目数砂纸逐层打磨完成后的效果。木销子可以不必进行任何的打磨操作。

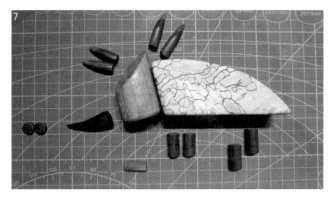

恐龙的所有身体构件修形打磨操作全部完成后的效果。

接下来是完成组装。

3.完成组装

组装的顺序是先组装头和身体之间的木销子，再组装恐龙头盾上的鼻角、额角和眼睛，最后组装恐龙身体上的腿和肩棘。

（1）木销子的组装

用游标卡尺或目测比较的方式选跟木销子直径一致的木工钻头进行打孔。

确认好头和身体的位置关系后，在恐龙头上需要打孔安装木销子的位置上，先倾斜钻头并用钻头尖部定准位置，再垂直钻头用力向下打孔。

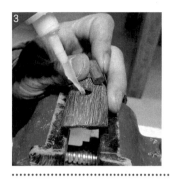  

打孔完成后往孔内加适量胶，把木销子插入孔内摁实粘牢。

如果孔内胶加得太多，插进木销子就会挤出很多胶，遇到这种情况需要及时用纸或布把溢出的胶擦干净。

确认头和身体的位置关系后，在木销子连接身体的位置画线定位准备打孔。

用木工钻头先倾斜定位，再垂直打孔。

　　木销子跟身体的连接孔打好后，可以把恐龙头插进去试试效果，如果钻头直径跟木销子直径完全一致、严丝合缝的话，此处的孔内就不用加胶，这样恐龙的头就是可以活动的了。

恐龙头和身体之间的木销子组装完成的效果。

（2）恐龙头部所有构件的组装

先是恐龙鼻角的组装，然后是恐龙额角的组装，最后是恐龙眼睛的组装。

确认鼻角跟头之间的倾斜角度和位置关系。

选跟恐龙鼻角直径一致的木工钻头，以已经确认好的鼻角跟头之间的倾斜角度倾斜打孔。

打好孔后孔内加少量胶，把鼻角插入孔内并调整好角度，等胶干透，组装完毕。

确认额角跟头之间的倾斜角度和位置关系，并画出要打孔组装的位置。

两个额角的组装位置都已定位画好，用台钳固定好头部木块。

选跟恐龙额角直径一致的木工钻头，以已经确认好的额角跟头之间的倾斜方向和倾斜角度，倾斜打孔。

第一个额角的孔打好后，孔内加少量胶，把额角插入孔内并调整到满意的角度。

以第一个额角的倾斜方向和倾斜角度作为参照，在第二个额角定位好的打孔位置，倾斜打孔。

第二个额角位置打好孔后，孔内加少量胶，把额角插入孔内并参考第一个额角调整好角度，等胶干透，组装完毕。

准备好组装眼睛时搭配使用的
小螺母和大头钉。

先选好合适粗度的钻头，在两个木质眼珠上用钻头倾斜定位，再垂
直打孔。

注意　眼睛这里需要打的是通孔，就是给大头钉可以穿透这个孔用的。

　　木质眼珠的孔打好后，需要先把恐龙的两个眼睛按照自己搭配的样子组装起
来，再把眼睛都组装到恐龙的头上去。

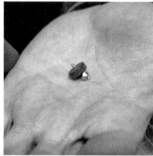

单独搭配组装好恐龙的两个眼睛。具体做法：用选好的大头钉穿过小螺母，再穿过木质眼珠打好的孔，
在木质眼珠的背面把大头钉的尾部对折，对折大头钉的操作可以靠尖嘴钳辅助完成，两个眼睛都如此做
好后就可以组装到恐龙的头上去了。

拿做好的眼睛在恐龙头部确认
好要组装的位置，并画好打孔
的定位点。

在所画定位点处选比大头钉直
径双倍粗度略粗的钻头垂直
打孔。

把已经做好的眼睛直接插进所打
孔内。

注意　如果钻头的粗度选得合适，此处组装眼睛的孔内是不用加胶的。尾部
　　　对折成双股的大头钉是有一定弹性的，不用加胶直接插进孔内松紧度
　　　正合适，如果怕不牢固可以孔内加胶再把眼睛的大头钉插入孔内。

头部构件全部组装完成后摆好腿的位置准备组装。

（3）恐龙身体上所有构件的组装

先把所有腿和肩棘的孔都打好后，再往孔内加胶把肩棘和腿都插入并粘牢。

确定好四条腿的摆放位置后分别画线定位。

选跟腿的直径粗度一致的木工钻头，在定位好的四条腿的位置上分别打孔。

注意 打孔深度根据自己的具体需求而定，四个孔都打好后先不要用胶组装上腿，等肩棘的组装孔打完后再一起加胶组装，否则给肩棘打孔时装了腿的恐龙不容易用台钳夹持。

四条腿的组装孔全部打好之后，确认肩棘的打孔位置和组装角度。两侧的肩棘分别确认好位置并用笔画线定位。

给有倾斜角度的肩棘打孔。具体做法：选跟肩棘直径一致的木工钻头，先在画好的打孔位置倾斜钻头用尖部定位，再垂直钻头打孔，等钻头稍钻进木头里之后，逐渐倾斜钻头至肩棘要组装的角度，按肩棘跟身体间所呈现的倾斜角度倾斜打孔。

两个肩棘的孔都打好后，同时在两孔内抹少量胶，将两个肩棘组装进孔里。同时操作便于一起对称调整肩棘的组装角度。

往四条腿的孔内抹少量胶，同时组装四条腿，这样便于同时调整四条腿的长度。

恐龙的组装全部完成。

　　木质小动物的制作都同理，以制作木质小恐龙的思路和方法可以制作出各种自己喜欢的木质小动物。

　　几块木头，在孩子的眼里可能早已不是简简单单的几块木头。小孩子爱玩、爱扮演、爱想象，他们的心里有个无比广阔的世界。珍视他们，陪伴他们，一不小心，惊喜就会溢出来。

准备好简单的木料和工具，激发孩子们的想象力，跟他们一起去创造吧！木块在孩子们眼里和手里，就会有化腐朽为神奇的魔力。

第三节　制作木质小房子

这一节的内容是用小木块做木质小房子，可以参考绘本来做房子，做像房子的房子，也可以做抽象一些的房子、不那么像房子的房子、奇奇怪怪的房子。

我们参考过一本绘本，名字叫作《邂逅风景》，作者去过世界的很多地方，并把打动他的那些风景画了下来。这些风景里有城市、有世界各地各时期的标志性建筑，也有自然的风景和点缀其间的看起来远远的、小小的房子，那些美好的风景都被他像对待一场浪漫的相遇一样珍视并记录了下来。

当我们跟孩子一起读一本好书或看一本喜欢的绘本的时候，说不定有什么就会激发我们去做一些相关的延伸性的东西。下面我们就一起看看怎样做出木质小房子，像《邂逅风景》绘本里的那些形形色色、形态各异的房子。

上图是使用各种天然原木色木块搭配做的木质小房子。

荷兰的运河

在荷兰里里海的一边，沿着运河以是水路走，有一条车道。随处能遇到一个小镇，运河上的渡口，轮船来来往往，码头附近的曲曲情情，可以让人敬赏街。

上图是一个名叫忘望的五岁男孩做的绘本里的房子，是用蜡笔在原木木块上涂了颜色的木质小房子。这并不是个写实风格的房子，是他对绘本里荷兰运河边上红色小房子的印象。当时做完后忘望兴奋地拿着书挨个儿告诉其它人，他就是根据绘本里的风景做的小房子。

制作木质小房子所需的工具及材料

工具

固定木料的工具：台钳。

取形工具：木工小手锯。

修形工具：黄金锉。

打磨工具：120目粗磨砂纸。

组装工具：手电钻、各种型号木工钻头、木工胶或401胶。

防护工具：围裙、防割手套、3M口罩（打磨木块时家长及孩子均需佩戴口罩）。

材料

① 木料的种类可繁可简。准备充分点的话，可以从网上购买各种红木边角料，尽量让木料在颜色和纹理上丰富一些，还可以准备一些各种直径的圆木棍和方木棍。准备简单点的话，家里现成的各种木块边角料都可以用，对木料的形状也没有特殊要求，有条件的话准备一些带有加工痕迹的木料边角料更好，比如家具工厂带有榫卯接口的废弃木料等。

② 木料尺寸没有具体要求，以自己的手动工具方便操作为准。

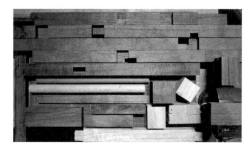 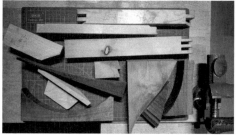

以上两图分别是一些带有榫卯接口的废木料、不同直径的圆木棍木料，以及网上买到的不同颜色、纹理的各种红木边角料等材料，还有一些来源更加随意的各种不规则木料。

制作方法和过程

1.备料

　　用木工锯锯切取形，做出很多块形状相对规则的和一些形状不规则的立体木块，然后对这堆木块进行简单的修形和打磨，制作木质小房子的基础木块就算是准备好了。

　　制作这些形态各异的立体木块就是制作木质小房子之前的重要的备料工作。做这些立体木块是对木料稍微复杂一点的切割练习，之前不管是做木质小石头还是木质机器人、木质小动物都是对木料进行最简单的切割，以改变木料本身的长短和大小为主，这一节的内容里涉及怎样用锯子切割木料获得三角体木块、不规则立体木块、带有弧线的立体木块、圆柱形木块，以及带有更多切割痕迹的异形木块。

　　根据孩子年龄大小以及动手能力的具体情况，简单的锯切取形任务如改变木料的长短或大小，家长可以根据孩子的状态鼓励孩子单独完成锯切木块的操作；如果涉及用锯切割改变木块的形状等稍复杂的操作，家长最好跟孩子合作，辅助孩子完成，孩子能感兴趣愿意一直参与制作就是很好的状态。

　　准备这些基础木块分锯切取形、修形、打磨三个步骤进行，具体操作如下。

　　步骤一：锯切取形。用台钳固定木料，调整台钳夹持木料的角度，用小手锯或曲线锯，锯切出自己满意的形状和大小的立体木块。

　　下面分别演示常用的五种立体木块是怎样锯切出来的。

（1）如何得到一堆三角体木块

先在木料上画线，然后把木料固定在台钳上，用小手锯沿画线部分锯切下木料的一个角，便得到一块三角体木块。

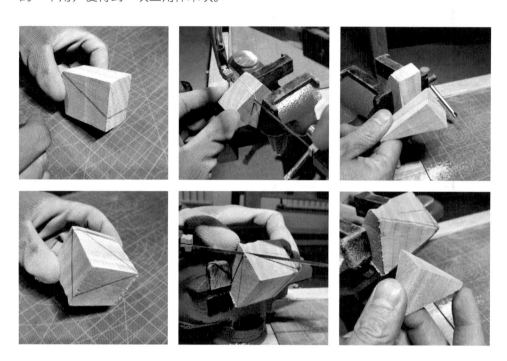

通过以上锯切木料的操作获得很多三角体木块。

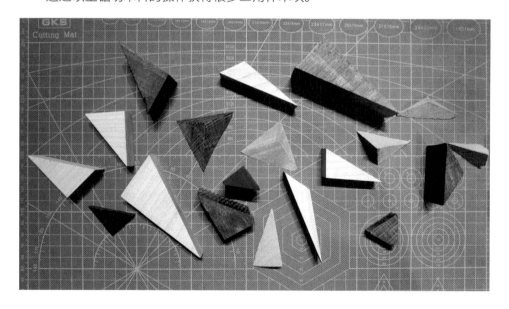

（2）如何得到一堆不规则立体木块

获得不规则立体木块的一种方法是，将切割三角体木块时剩下的木料重新固定在台钳上，并用小手锯斜切掉任何一个面，就可以获得一块不规则立体木块。

获得不规则立体木块的另外一种方法是在一块木料上进行两次锯切来完成。

把画好线的木料固定在台钳上，并用小手锯沿线锯切。

第一次锯切的操作完成时得到一块画线部分的木块。

在得到的木块上重新画线规划需要锯切掉的部分。

 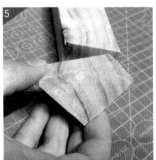

用台钳固定木块，并用小手锯沿所画线锯切。

两次锯切操作完成后得到一块不规则立体木块。

通过以上两种方式锯切木料，得到一些不规则立体木块。

（3）如何得到一些带有弧线的立体木块

用曲线锯锯切获得带有弧线的立体木块的步骤如下。

在木料上画出所需弧形木块的形状。

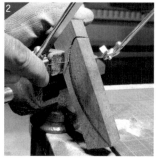

把木料固定在台钳上，用曲线锯沿所画曲线进行锯切。

锯切操作完成后得到带有弧线的立体木块。

通过以上方式的曲线锯的锯切操作，得到一些带有弧线的立体木块。

（4）如何得到一些圆片形木块或圆柱体木块

获得方法如下。

锯切不同直径的圆柱木料获得圆片形木块和圆柱体木块。

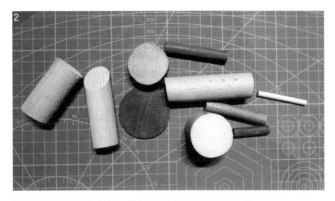

通过以上锯切操作获得一堆圆片形木块和圆柱体木块。

（5）如何获得一些带有各种不规则痕迹的立体木块

　　想要获得带有各种不规则痕迹的立体木块，通常有两种途径：一种是选择本身带有各种操作痕迹的木料进行锯切分割以获得自己想要的木块；另一种是没有现成可用的带有各种操作痕迹的木料时，需要先在普通木料上制造出一些操作痕迹，再锯切出想要的不规则木块。下面具体演示这两种途径的操作。

　　第一种途径的操作如下。

所需的不规则痕迹在木料一端时，用台钳固定木料直接把需要的部分锯切下来。

所需的不规则痕迹在木料中间部分时，分别把木料所需部分的两边多余木料锯切掉。

下面演示说明第二种途径。

选中一块木料后，先在木料上随意制造一些孔洞痕迹。用台钳固定木料，然后选直径粗一些的木工钻头，用钻头随机在木料不同的面和不同的位置上打孔，这里用的是直径1cm钻头，可以打通孔也可以打浅孔。

孔洞痕迹制造完之后，切掉木料的一个角，破除一下木块的方正感跟对称感。

之前的两步操作完成后，就可以按照需要的尺寸或在需要的位置锯切下一块木块。在木料上随机做一些孔洞或其它什么痕迹，然后锯切下木块，就会有一些意外效果，让孩子对这些孔洞和痕迹产生有趣的想象。

锯切下所需的木块后，继续根据需要和设计锯切掉木块的一个角。

注意 在进行每步锯切操作之前，可以把要锯切掉的位置跟具体的形状用笔先勾画出来，然后根据画线部分进行锯切操作。

如果需要继续打破一下木块的对称感和方正感，可以在需要的位置继续画线并锯切掉一个角。

为了打破木块的方正感，也为了在木块上制造更丰富的痕迹，可以画线并锯切掉木块的一条边棱。

前面几个给木块制造不规则感的操作完成后，最后可以在需要的位置补打孔洞。

注意　孔的大小、深浅和数量根据自己的需要来选择和操作。

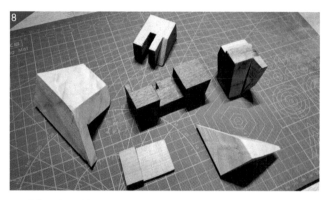

通过前面的几种操作，制作出各种想要的带有不规则痕迹的立体木块。

　　制作出许多形状和尺寸大小尽量丰富的各种立体木块之后，就可以从中挑选一些比较满意的进行下一步骤的操作。

　　步骤二：修形。把选出的立体木块逐个用台钳固定，再用黄金锉对其表面进行简单的修平处理，就是需要把木工锯和曲线锯锯切取形时留下的锯路痕迹修理平整。

用黄金锉的平面修平木块平面处的锯痕以及木头表面霉变痕迹。

用黄金锉的平面修平木块弧形凸起面锯痕。

用黄金锉的圆弧面修平木块弧形凹陷面锯痕。

注意　立体木块边缘和棱角处太过锋利或划手的，也需要用黄金锉稍微倒角和倒圆处理一下，还可以在黄金锉修形这一步，把立体木块的外轮廓形状进一步修形成自己觉得更理想一些的样子。

步骤三：打磨。把已经修平锯痕、修好形状的所有立体木块，用120目粗磨砂纸进行打磨处理。

在制作木质小房子这一节里对打磨不做过多要求，只进行粗磨砂纸的打磨，即用120目砂纸打磨去掉黄金锉修形时造成的粗糙划痕就可以了。需要孩子们用小手去触摸、去检查，打磨处理木块到不划手的程度就可以了。如果实在想要木块有更细腻的质感，可以自愿进行240目、400目和600目砂纸的精磨处理。以下是几种常见情况的打磨方法。

用120目砂纸包裹抛光板，打磨木块的平面、边棱和棱角处。

用120目砂纸包裹抛光板，打磨处理木块不规则的面和边棱处。

把120目砂纸卷成卷打磨孔洞内壁。

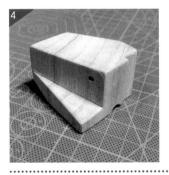

以自造痕迹的不规则立体木块为例，经黄金锉修形和120目粗磨砂纸打磨操作完成后，木块各个角度所呈现出的质感。

以下是所选木块修形、打磨操作之前和操作完成后的效果对比。

挑选出来的立体木块修形、打磨之前的质感

挑选出来的立体木块经修形、打磨之后的质感

至此，备料完成。

2.组装

这属于确定方案并组装实现方案阶段。从准备好的已经粗磨处理过的一堆立体木块里，让孩子自己挑选觉得合适的木块构件组装成自己想要的木质小房子。挑选合适的木块构件具体指的就是挑选自己觉得有着合适的颜色、纹理、形状、大小等的木块，但对孩子们来说他们在挑选合适的木块构件时，就是在综合性地挑选自己喜欢的木块。

挑好木块构件后进行下一步具体的组装操作。根据组装效果的不同分两种方案进行组装：限制木块数量的组装方案和不限制木块数量的组装方案。

（1）限制木块数量的组装方案

就是限用两三块木块的组合进行组装。选好两三块木块构件后，孩子可以按照自己的意愿直接用胶粘，粘成他们想要的样子；也可以家长辅助他们在木块之间打孔，用孔内加胶并插木销子的结构方式来连接几块木块构件。

下面讲解用木销子进行组装的操作。

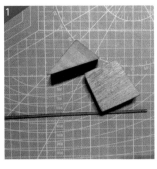

选好两块木块和一根可以用来做木销子的圆棍。

在小房子房体木块跟房顶木块的连接面上打孔，因为所选的木销子圆棍直径是 3mm，所以此处选 3mm 木工钻头打孔。

房体和房顶连接面上的两个孔都打好后，锯切一小段圆木棍作为木销子，然后两个孔内都加胶插紧木销子，胶干后组装完成。

左图是几个组装好的原木色木质小房子的示意，原木本身的颜色和纹理就是它的颜色搭配。组装好的木质小房子根据孩子的意愿还可以进行涂色的颜色搭配，或画出门窗的细节等。

图左是孩子用三块木块组装成木质小房子之后，根据绘本里荷兰运河边的红墙大屋顶的房子进行涂色的示意。图右是木质小房子经孩子涂色和勾画门窗等细节后的最终效果。

（2）不限制木块数量的组装方案

这涉及抽象形状的组合，可以让孩子在真实的空间中去感受不规则形状的组合关系。

先选择自己需要的木块构件，构想一下想要一个什么样的木质小房子。就是选择孩子自己喜欢的、可以支持他们实现想法的木块构件。孩子经过反复挑选、摆来摆去和比比画画，确定好木块数量和木块位置后，用木工胶将木块分别粘在他们希望组装的位置上。组装这步最好让孩子自己来，家长可以在他们需要帮助、提出求助时给孩子提供技术支持，辅助他们完成想法。下面是孩子直接用胶黏合连接面的方式组装自己木质小房子的操作。

孩子选定了两块木块，并确定
了其组装位置关系。

直接往两块木块的连接面上抹少量胶，并将两块木块按事先确定好
的位置关系粘紧在一起。

等前两块木块的胶干透后，继续挑选自己心仪的木块构件，并用胶粘紧在自己选定的位置上。

继续挑选木块，反复谋划、搭
配和构建自己想制作的房子
方案。

直至对自己方案满意后把所有
木块按照自己的心意用胶粘紧
组装在一起的效果。

　　家长在辅助组装这个环节上具体可以提供的技术支持，主要就是可以帮孩子组
装得更牢固。孩子直接用胶粘的方式，往往会因为构件太多或胶粘的部位不合理而
变得脆弱不稳固，这时家长可以帮他们让房子组装得更牢固。比直接用胶黏合两块
木块更结实的做法：先在两块木块之间互相面对的位置上分别打孔，然后两孔内都
加胶，木块的连接面上也可以抹适量胶，最后插紧木销子连接两块木块（加木销子
连接组装木块的操作方法，可以参考限制木块数量的木质小房子用木销子组装的操

作示意）。

还有一类常见的孩子自己胶粘组装不稳的情况，比如孩子想用圆木棍之类的木构件，圆棍直径太小的话截面直接用胶粘就很容易碰倒或摔掉，那就需要在要组装的位置上先选和圆棍直径吻合的木工钻头打孔，再往孔内加少量胶，把木棍类的构件插进孔里才能粘得更牢固。在孩子选择圆棍做柱子或者烟囱时可以试试打孔组装的方式。

这种不限制木块数量的做法，往往会由于孩子越做想法就越多，有很多需要临时添加的构件，比如滑梯、秋千、门窗等：家长可以辅助重新切割一些木料，经过简单的粗磨打磨后做成需要的构件，跟孩子一起组装在需要的位置上；或者根据需要，选合适粗度的木工钻头，钻孔充当门洞、窗洞等。总之，家长要适当鼓励和支持孩子们兴致勃勃的那些随意发挥的劲头。

下面是孩子制作木质小房子作品的几例示意。

作者团团，四岁半小姑娘，在开始选材料时团团很快就选准了自己需要的木块搭配，房顶上那块双色的长方形木片是在组装完房子主体后她自己找原木材料，锯下薄薄的一块木片，打磨处理好后又自己粘上去的，说是房子需要门牌。

作者忘望，五岁男孩，反复选零件、反复琢磨木构件组装的位置，在红色木头上用小手锯锯出了一道纹理，还让大人帮他在他指定的位置上打了两个洞，他特别得意的是他的房子有个边是倒立着的。

上图中忘望小朋友的木质小房子，在组装的时候一些靠胶粘不稳定的地方已经在拼粘面的里头打孔加了木销子，所以作品很结实，随便玩也不会那么容易开胶掉零件。

作者小玖，五岁男孩，全程自己组装，并不是只有三角形适合做屋顶，房子也不一定非要有那么明确的方位感。让他完整表达自己的想法，家长只在他明确需要帮助的时候给予支持，这种感觉刚刚好。

这个木质小房子的组装，在结构上这样大面积面跟面相连接时，完全靠孩子自己用胶粘就已经很结实，完全不用家长帮忙。

左图中这个木质小房子是两个小姑娘合作完成的作品。作者是艾米和小石榴，一个四岁半，一个不满四岁。两个都很有主见的小朋友合作完成一件作品，既要有互相的支持，也得有相互的妥协。

两个小姑娘合力做完木质小房子的主体结构后，她们觉得高高的烟囱上边还缺东西，然后她们就锯下了块矮矮的圆柱体打磨后粘在了高高烟囱的最上面，还真是加得很合适呢！

3.无需组装的积木式玩法

就是做出一堆不规则形状的木质基础块之后，不用考虑怎样把它们组装成一件独立的木质小房子作品，而是把这些不规则的木质基础块用作搭建积木一类的玩法。

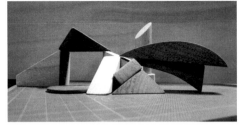

　　这种不规则形状之间组合关系的玩法，不同于常规工业生产线上制作出来的积木玩具或者乐高类玩具。这些不规则木块不管孩子怎么谋划或者不经意地搭来搭去，都像是在进行一种抽象形式训练，但又非常具有自然感，这种抽象不像抽象艺术那么理性和复杂，也不是纯粹孩童般"抽象"的自然产物，因为这些不规则木块虽然是随机做出来的却又好像存在形式关系的内在联系。这就好像是在"具象"与"抽象"之间找到了一种恰当又好玩的方式，还没有什么儿童玩具是可以这样去呈现的。把那些自制的不规则木块随意摆来摆去的时候，都像是在创造一个充满想象和诗意的世界，每个随手所搭的作品都透露着人的灵气。

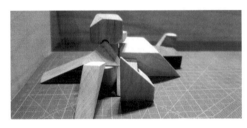

　　只是用一些简单的材料和工具，通过锯切、打孔、修形、打磨这样最基本的几项木工操作，就能做出一堆不规则的木块。不管是跟孩子玩组装成有主体形象的木质小房子的玩法，还是这种搭建起来更自由的、把木块当作积木类的玩法，那些不怎么规则的形状组合在一起，居然构成了千差万别的姿态，透过不同孩子的作品，我们能看到人和人之间是那么的不一样。

　　肯用心、双手又勤快的话就总有简单又好玩的事情发生，人在亲身经历这些跟人有对话感的玩法的时候就能收获一些能让人情有独钟的东西。

第四章

用孩子的画来玩木工

　　本章内容是以木工的方式玩孩子的画，是一种玩木工的思路的展示和相应作品的展示，即以思路和作品为主，不是制作教程的演示。因为天下的孩子所画之画千差万别，本章的这几个案例并不适合作详尽的操作演示，只在第三节"男孩间的较量"中把孩子涂鸦在地上的画做成较大尺寸的鲨鱼表的制作过程，简略地示意了操作方法和大概步骤，这对于有兴趣动手做出孩子的画的家长，是可以提供有效参考和借鉴的。

第一节　格格的方块小人

当我是孩子们木工活动的老师的时候，看似是我在带孩子们玩木工，其实总是我在向他们悄悄地学习，跟孩子们密切相处的这几年里，最深的感受是千万要好好珍视孩子们的画，他们的画里有神奇之处。

我的一些关于怎么才能跟孩子好好玩木工的想法，也总是受孩子们的启发。比如在我工作室举办过的各种木工活动里，广受大家喜爱的制作木质机器人的项目，其实，最开始有要试试做这个项目，就在突然有这么一念之想的时候，也是偶然发现了格格小姑娘的画。我觉得太好玩了，为什么格格总是把小人画成方脸，而且

不只是小人，其它造型也喜欢以方取形，并且这种画法不是偶然，格格刚来学习社区的整个第一个学期，其实都在这样画画，她的画放在孩子们的画堆里一眼就能认得出，辨识度极高。

我、爸爸和妈妈还有哥哥在家的门口站着，有小
花和太阳

我和好朋友玩

　　每当发现格格的画，都觉得太适合做木质的方块小人了，于是在学堂的木工课上我们就以木质机器人的形式做了起来，孩子们果然好喜欢，他们的那种喜欢都不加掩饰地做进了他们的作品里。

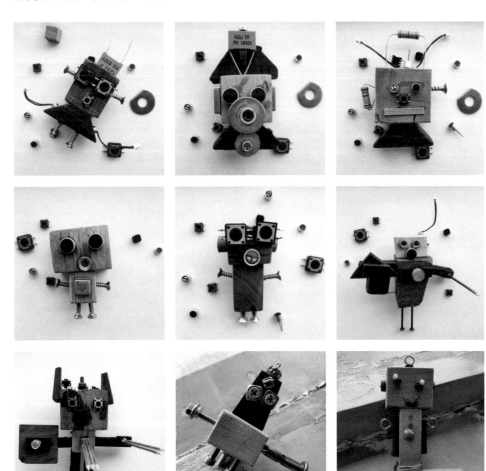

　　以孩子为主导的木工作品和以家长为主导的木工作品有天壤之别，家长的优势在于操作的精细度，可孩子的想象力和做起东西来天马行空的程度，家长只能羡慕却可望而不可即。所以和孩子一起玩木工，建议尽量保存孩子创造和想象力的部分，家长在负责维持孩子安全使用工具的基础上，辅助孩子完成他们在操作上力不从心的部分，这是理想的跟孩子一起玩木工的搭档模式和状态，能这么默契配合，就总会有欣喜。

格格的方块小人

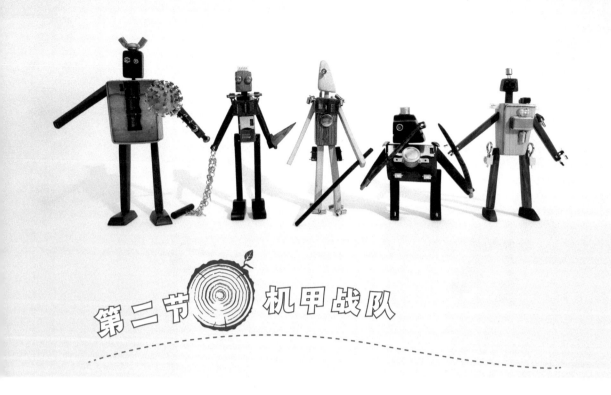

第二节　机甲战队

2019年的暑假，那时五岁的儿子画了这幅《机甲机器人大战怪兽》，我终于忍不住对他的画"下手"了，把它们用木工的方式呈现了出来。

一边看孩子摆弄着这组木质实物版机甲战士和怪兽，一边听他任意编关于这些机甲机器人的故事，也看他随随便便地自导自演打来打去。聊着聊着，原来这组机甲机器人和怪兽有出处，好不容易追踪线索对上了号，那个电影叫《环太平洋：雷霆再起》，孩子的画跟电影的关系那叫个捕风捉影吧，我们就先来翻一翻这些真真假假、假假真真的机甲机器人和怪兽档案。

机甲战士——凤凰游击士
武器：流星锤
机器人材质：紫苏木、香樟木

机甲战士——流浪者号
武器：冰剑和锯（锯在做的时候改成了锁链锤）
特点：必须三人驾驶，武功高超
机器人材质：紫光檀、紫光檀阴阳木

机甲战士——雅典娜
武器：竹棍
绝招：速度特别快
机器人材质：黄杨木、黄金檀

机甲战士——拳击手
武器：鞭子弯刀
绝招：有拳击的力量
机器人材质：血檀、紫光檀

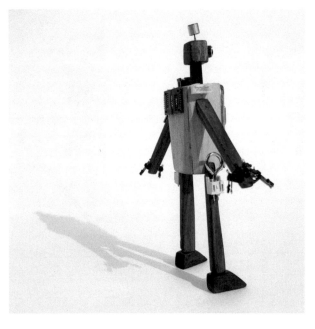

机甲战士——英勇保护者

武器：激光绳

机器人材质：绿檀、黄杨木

以上机器人档案集结完毕，下面再翻一翻怪兽档案。

一号怪兽——哥斯拉

怪兽材质：紫光檀、黑柿木

怪兽武器：尾部尖刺尾锤、嘴上一双大钳子獠牙、背部骨板和身上的防护甲

一号怪兽——哥斯拉

二号怪兽——白色变异幽灵怪
怪兽材质：黑柿木、黄杨木
怪兽武器：嘴上獠牙和尾部尖刺

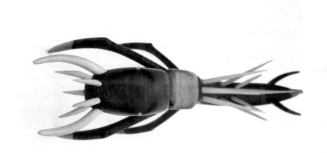

二号怪兽——白色变异幽灵怪

　　拿起笔来画画，对于孩子是轻松自在、满不在乎的事情，像吃饭、睡觉、玩玩具一样自然。所以我们很容易得到孩子的画，也很容易说出一些画得不错、画得好棒之类的话，这样的话说多了继而又没有更多细节支撑的时候自己都觉得没诚意，反馈的诚意这件事谁都糊弄不了谁。

　　当画里的形象活脱脱变成有质感、有重量、可观、可摸、能把玩的实物的时候，多余的话都不必说，那种肯定和满足催生出的能量让孩子满眼泛着光。

　　我喜欢看小孩子眼里的那种光，特别是学龄前的孩子，他们对现实的世界没多少经验，但他们有另一个世界，是大人经验之外的世界，是鼓励他们像说话一样画出他们的那个世界，是那个杂糅着他们各种日常琐碎生活痕迹和不可捉摸的恍惚着的想象的世界。

　　如果有心能看见那个世界，就总会有惊喜。

第三节 男孩间的较量

对于上图，要不是我的孩子说它是大鲨鱼，我会看成是鳄鱼或者是其它的什么生物，这张大鲨鱼的涂鸦是我从他众多的在他们学堂的地上画的画里选出来的一张。小孩子都特别喜欢在地上画呀、画呀，可能是因为可以画得特别大、特别过瘾，可能过瘾这个事不管对家长还是对孩子都是很重要的一件事情。

我就这么收集了一些儿子在地上画的画，透过那些画能发现，在地上画画这个事对孩子来说很多的时候是一种独自的享受，有些时候也是为了给自己赢得观众，还有些地上画画的行为能产生合作和交流。但更多的时候特别是对于男孩子来说，在地上画的那些画是一种较量，是一种示威，是一种释放身体里的不安分的方式。所以在那些画里很容易就流露出一些生动的、汹涌着的气势，当然让人看起来又是有点憨憨的小孩子较劲时的那种样子。

他的那些打动过我的

地上的涂鸦，我都动过念头给他用木工的方式呈现出来，尤其是看到那幅大鲨鱼涂鸦的时候，我跟孩子的爸爸商量，做成表吧，多好玩啊，正好挂在家里让时间去见证男孩子的成长。

也正好是孩子在幼儿园的三年，他尤其信任着的那位被他昵称为"张师傅"的老师时常跟我们透露，孩子之间的那些较劲好玩，尤其男孩之间往往容易把很多事情升级成肢体上的冲突，但正是那些真实的发生着的问题，让冲突的双方都成为彼此成长的资源，他们从中获得成长的经验、沟通的经验、对抗的经验、成功的经验、挫败的经验、愉快的经验，也有很多不快的经验，这些真实的经验和情绪都是需要有地方来承载的，需要让一些事情真实地、自然而然地发生。所以放进好长好长的时间里去看待男孩子的成长，孩子的成长且得在时间里磨呢。

后来我们就真的把那张画做成了表，做成了几乎跟原画一样大的表。下面把做这个鲨鱼表的制作过程大概整理出来放在这里，给想用木工的方式玩一玩孩子的画的家长朋友们一些参考。

首先需要有一张正面俯拍的照片，方便等倍放大原图。想要靠临摹孩子的画来完成取形这步是很难的，家长很难画出孩子画里那些生动又放松的线的感觉，图纸的事搞定，然后一道道工序慢慢做，做木工的过程也够磨人的性子。

有了根据照片等倍放大打印出来的图纸之后，下一步就是选料，即选择木头纹理和颜色的搭配等。从我看见这张

大鲨鱼的涂鸦开始，在我心里它就是一条白色带有黑线纹理的鱼，我还真为这种感觉找到了类似的木料，是一块白枫木的渍纹木。最初我希望这条鲨鱼通体都是用白色黑纹的枫木渍纹木来做，孩子的爸爸却认为鲨鱼的身体应该选用一块颜色稍重一些的木料，衡量过可能的视觉效果之后还是选用了孩子爸爸的方案，鲨鱼的身体用黑胡桃木，鲨鱼脑袋用白枫木的渍纹木。

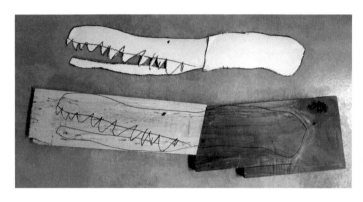

注意

此时的两块木板并没有真正拼粘在一起，只是先摆在了一起，等和鲨鱼表相关的其它需要做的细节都操作完成后，需要进行整体的修形、打磨时再把两块木板拼粘在一起。

选好木料之后，要根据画中鲨鱼身体和头之间角度的倾斜关系拼好木料，然后把打印的鲨鱼图纸沿轮廓线裁剪下来贴在拼好的木板上，上图是在木板上沿图纸画出鲨鱼轮廓线的形状之后的效果。

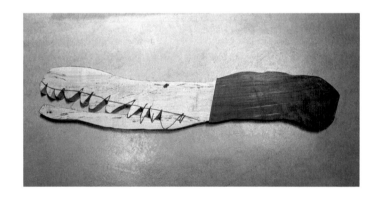

上图是在木板上画好鲨鱼形状之后，沿所画鲨鱼的轮廓线用锯在木板上锯切出鲨鱼形状，并沿轮廓线修形鲨鱼的形状至跟原图基本吻合时的效果示意。这里锯切取形用的锯是电动曲线锯，家里只有手动曲线锯的话，这步取形操作也是可以完成的，只不过所用料的体量太大的话手动工具会费时费力很多。鲨鱼身体和头的主体部分全都锯切取形完成后，下面就需把鲨鱼所有其它小的身体部件也都锯切出来完成制作，这些小部件包括鲨鱼的鱼鳍、眼睛和尾巴。

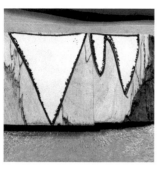

　　先把鲨鱼鳍的图纸贴在选好的木板上，准备锯切出鱼鳍的形状；鲨鱼鳍都锯切完成并修形满意之后，再准备用木销子组装连接鱼鳍和鱼身。

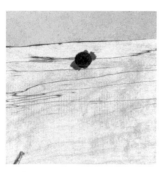

　　上图是鲨鱼眼睛制作方法的示意，就是在鲨鱼眼睛的位置上，按照原图比例中显示的鲨鱼眼睛大小选择合适粗度的木工钻头打孔，然后截取合适粗度和高度的黑色圆木棍用胶粘入孔内，用120目砂纸把眼睛打磨平整之后组装完成。接下来制作鲨鱼尾巴。

　　鲨鱼尾巴的制作是对买好的现成表芯上表针的一种改装，我们把鲨鱼的尾巴改装在了表芯的秒针上。具体做法是选一根粗度和颜色觉得合适的圆木棍，并用锯锯切出尺寸跟原图中鲨鱼尾巴长度一致的一截木棍，然后在木棍上需要装入秒针的地方再次用锯截断，在刚截断的将要装入秒针的木棍的两个截面上打孔，要选跟秒针粗度相同的钻头打孔，并且秒针也是需要被锯切断留出一截可以插入木棍的长度，最后往孔内加胶插入秒针粘牢。上图就是木棍和秒针组装在一起时的效果，接下来需要对这只尾巴秒针进行精修。

以上两图分别是尾巴被砂纸精修、打磨变细之后的样子和鲨鱼的三角尾鳍做好后用胶粘在尾巴末端的示意。尾巴精修完成并粘牢组装好尾鳍之后，鲨鱼尾巴的制作也全部完成。

至此，鲨鱼的所有身体构件都已经做出来了，既然是要把鲨鱼做成表，接下来就需要在合适的位置取孔，用以安装表芯。

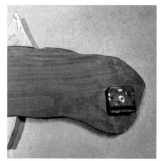 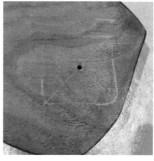 

先在鲨鱼正面摆出表芯要组装的位置，并沿表芯轮廓画下来定位；连接表芯对角线找到表芯中心点的位置，然后在中心点的位置打孔，选一根粗度和组装的表芯螺纹粗度相同的木工钻头打孔，并且要从鲨鱼正面向背面的方向在表芯中心点的位置上打一个通孔；从鲨鱼背面以通孔定位出的中心点为圆心，钻取一个直径为10cm的大孔作为表芯槽，并放入表芯试一下效果。

表芯的安装孔制作完成之后，就需要把鲨鱼的各个身体部件都拼粘组装起来。上图左是鲨鱼的胸鳍和背鳍打孔加木销子连接鲨鱼身体的结构示意，上图右是鲨鱼的头和身子连接处打孔加木销子连接的结构示意。

　　左图是木销子的连接结构都做好之后，需要组装连接的拼接面上都抹上木工胶并用夹具夹紧连接口的操作。鲨鱼头和身体的拼接方向，以及鱼鳍和鱼身的拼接方向，这两个拼接方向都需要用夹具夹紧。等木工胶干透之后就可以拆掉夹具进行整体的修形和打磨了。

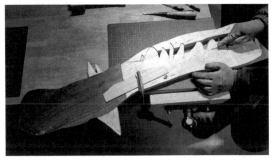

　　左图是拆掉夹具之后，对鲨鱼的整个外轮廓进行整体的修形、倒圆，以及用什锦木锉精修鲨鱼牙齿的操作。

　　修形、倒圆的操作完成之后，就需要用不同目数的木工砂纸对鲨鱼进行逐层的打磨处理，鲨鱼所有的面和所有的边角处都要打磨到位。左图是鲨鱼经过120目、240目、400目、600目砂纸逐层打磨完成之后，又用抛光板的磨砂面进行完抛光式打磨的效果。

　　打磨完成之后就是对鲨鱼进行表层的上蜡处理，邀请孩子一起完成了鲨鱼最后的上蜡操作。选用的是木蜡油，上蜡之后木头的颜色整体变重并偏暖黄。本来是很想保留住鲨鱼头的枫木渍纹木那种飘着黑丝又干干净净的白色效果，但是想想这表要经年累月地用，就还是妥协给了木蜡油对木头所起到的保护作用，老老实实对鲨鱼的每个细节处都仔细擦了蜡。

上蜡的操作完成之后，最后组装上表芯和指针就可以把酷酷的鲨鱼表挂上墙了。上面的两张图，一张是组装完表芯、时针、分针之后正在组装秒针尾巴的操作；另一张是表针组装全部完成鲨鱼表挂上墙的效果。

我们一家都觉得秒针尾巴转得有点太快了，应该把鲨鱼尾巴组装在时针上，使用的感觉才更舒服，这都是随时可以改动的操作。

虽然孩子的画千差万别，但是要用木工的方式尽量去还原孩子的画的时候，操作的方法和步骤还是可以参考和借鉴的：画形、锯切、修形、打磨、上蜡、抛光，万变不离其宗，都离不开木工活动的这几项基本操作步骤。